国家自然科学基金项目 (62076215)
教育部新一代信息技术创新项目（2020ITA02057）

基于深度学习的
机械故障诊断研究

JIYU SHENDU XUEXI DE

JIXIE GUZHANG ZHENDUAN YANJIU

王翠香　邵星　皋军　著

江苏大学出版社
JIANGSU UNIVERSITY PRESS

镇　江

图书在版编目(CIP)数据

基于深度学习的机械故障诊断研究/王翠香,邵星,
皋军著. -- 镇江：江苏大学出版社,2023.11
　　ISBN 978-7-5684-2056-3

　　Ⅰ.①基… Ⅱ.①王… ②邵… ③皋… Ⅲ.①机械设
备－故障诊断－研究 Ⅳ.①TH17

　　中国国家版本馆 CIP 数据核字(2023)第 212349 号

基于深度学习的机械故障诊断研究

著　　者/王翠香　邵　星　皋　军
责任编辑/徐　婷
出版发行/江苏大学出版社
地　　址/江苏省镇江市京口区学府路 301 号(邮编：212013)
电　　话/0511-84446464(传真)
网　　址/http://press.ujs.edu.cn
排　　版/镇江文苑制版印刷有限责任公司
印　　刷/镇江文苑制版印刷有限责任公司
开　　本/718 mm×1 000 mm　1/16
印　　张/13.75
字　　数/235 千字
版　　次/2023 年 11 月第 1 版
印　　次/2023 年 11 月第 1 次印刷
书　　号/ISBN 978-7-5684-2056-3
定　　价/56.00 元

如有印装质量问题请与本社营销部联系(电话:0511-84440882)

前言 QIAN YAN ········

轴承作为机械设备中的重要部件，其运行状态影响着整个机械设备的性能、稳定性和生命周期。当轴承长期处于高速、高温、高负荷的运行环境中时，容易出现腐蚀、磨损、断裂和剥落等失效现象，导致机械设备出现故障，增加维护成本，甚至引发安全事故。据统计，在工业领域中大约30％的机械故障是由滚动轴承的缺陷造成的。因此，对轴承故障诊断技术进行研究，有助于机械维护人员及时发现轴承故障，避免因轴承故障导致的生产事故和经济损失，这对提高机械故障诊断水平、提升轴承维护与管理水平具有重要意义。

当轴承工作时，其内部会产生各种振动信号，这些信号的特征在不同的轴承状态下表现各异。对轴承在不同位置所产生的振动信号进行采集、分析和处理，可以实现对轴承当前状态的评估和诊断。传统的故障诊断方法一般包括三个步骤：特征提取、特征选择和模式分类。首先，通过信号处理方法对采集到的数据进行特征提取；其次，对故障特征进行降维和筛选；最后，利用分类器对筛选后的故障特征进行诊断分类。

传统的故障诊断方法通常需要人工参与，并且需要依靠专业的知识和丰富的经验来提取故障特征，其过程相对复杂，往往存在一定的误诊率，结果也难以满足实际的需求。随着深度学习技术的迅猛发展，端到端的故障诊断方法已经成为故障领域中备受关注的热点。这种方法结合了故障特征的提取和分类，能够自动从原始信号数据中提取具有代表性的特征，以避免人工经验对特征提取的影响。这种方法的优势在于它是完全自动化的，并且能够准确地识别故障，从而提高故障诊断的效率。因此，基于深度学习的故障诊断方法成为轴承故障诊断的重要研究方向和研究热点之一。

由于深度学习在轴承故障诊断方面具有技术优势，所以涌现出大量针对基于深度学习的轴承故障诊断技术的研究。本书系统地介绍了基于深度学习的轴承故障诊断技术，分别从信号维度变换、多通道信息融合、时序分析、迁移学习等方面阐述了基于深度学习的机械故障诊断的相关研究与技术方案。

全书共有 11 章。第 1 章介绍轴承故障诊断的需求与意义、现有的轴承故障诊断方法的分类与原理，并对现有的轴承故障诊断方法进行梳理。第 2 章介绍滚动轴承结构、轴承故障类型、滚动轴承信号特点、经典滚动轴承数据集、基于信号分析方法的轴承故障诊断方法、基于卷积神经网络的轴承故障诊断方法。第 3 章介绍卷积级联森林滚动轴承故障诊断方法。第 4 章介绍基于双通道 CNN 与 SSA-SVM 的滚动轴承故障诊断方法。第 5 章介绍基于 CGAN-IDF 的小样本场景下的轴承故障诊断方法。第 6 章介绍基于深度学习的时频双通道滚动轴承故障诊断方法。第 7 章介绍基于 AMCNN-BiGRU 的滚动轴承故障诊断方法。第 8 章介绍基于重叠下采样和多尺度卷积神经网络的轴承故障诊断方法。第 9 章介绍无监督领域自适应轴承故障诊断方法。第 10 章介绍基于最大域差异的无监督领域自适应轴承故障诊断方法。第 11 章对基于深度学习的轴承故障诊断研究进行总结与展望。

本书得到了国家自然科学基金项目（61502411，62076215）、江苏省自然科学基金项目（20150432）、江苏省高校自然科学研究面上项目（15KJB520034）、中国博士后研究基金项目（2015M581843）、江苏省"青蓝工程"、盐城工学院"2311"人才工程、盐城工学院人才引进项目（KJC2014038）、教育部新一代信息技术创新项目（2020ITA02057）的资助。在本书的撰写过程中，实验室硕士研究生徐鹏、顾辉、唐伯宇、吴晟凯、鲁夕瑶、潘磊提供了相关帮助，在此一并表示感谢。

由于作者水平有限，书中难免存在不足之处，恳请读者批评指正。

目录 *MULU* ·······

① 绪论

1.1 研究背景及意义

随着制造业和工业技术的发展，机电设备朝着大型化、自动化、复杂化和精密化方向发展，人们的生活质量得到了大幅度提升。旋转机械作为机械系统中的传动装置，广泛应用于航空航天、电力行业、农业和现代机床中。旋转机械通常在高压、高速、重载的环境下运行，发生故障的概率较大。同时，复杂化和大型化发展导致机械系统中零部件增多，零部件之间的影响逐渐增大。滚动轴承作为旋转机械中最重要的零件之一，对机械系统的平稳高效运转至关重要。据统计，约30%的旋转机械故障与轴承的损伤有关。

例如，国内某电厂超临界机组轴承发生磨损故障，导致轴颈、轴瓦等设备严重损伤，带来了严重后果。国内某著名钢铁公司齿轮箱的主输出轴承破损，损失了1000多万元。三峡工程轴承选型失误，导致皮带机发生坠落事故，造成了严重的经济损失和人员伤亡。大连石化公司油泵驱动端的轴承发生故障，导致密封波纹管多处断裂，油液渗出造成火灾。可见，对轴承的工作状态进行诊断有助于及时发现轴承故障并进行处理，从而降低机械系统的故障率，有效避免安全事故。

故障，是指在某个特定过程中，观测变量或者参数在一定范围内的偏差。轴承故障可以按照结构分为内圈故障、外圈故障、滚动体故障和混合故障四种类型，也可以按照严重程度分为轻微故障、中度故障和重度故障三种级别。最初的轴承故障诊断主要依赖于人工经验，一般通过人工观察、测量等方式进行诊断，而人工诊断效率低且容易出错。随着传感器技术和电子技术的发展，传感器能够收集大量轴承数据，基于信号分析的故障诊断算法取得了不错的效果。然而，海量数据使得基于信号分析变得越来越困难，尤其在实际工业环境中采集的多类别混合故障振动信号数据具有强烈的非平稳性，导致其可分性很差。因此，迫切需要智能诊断算法来解决这个问题。

随着计算机算力的提升，基于机器学习和深度学习的轴承故障诊断算法受到越来越多的关注。面向轴承故障诊断的学习模型一般是浅层学习模型，其相较于信号处理方法在分类精度等方面有了较大提升，但高维和海量的数据会使浅层的学习模型无法得到充分利用，导致分类准确率降低。近年来，深度学习作为一种深层学习模型，能够利用高维海量数据实现端到端分类，在机械故障诊断领域表现出色，并得到了广泛的应用。然而，深度学习也具有一定的局限性：

① 深度学习模型通常使用神经网络来构建。神经网络是一种多层参数化可微非线性模型，通过反向传播算法进行训练。为了提高模型的准确性，通常会加深网络的层数，引入更多的超参数。

② 深度学习需要海量的数据进行模型训练，不适应样本不平衡或者小样本数据的情况。

③ 深度神经网络的结构在训练前就已确认，无法自适应地调整。

本研究旨在解决轴承实际运行场景中存在的样本不平衡、小样本数据、噪声和工作负载变换等问题，并利用深度学习模型和实验室采集的轴承振动信号数据对轴承进行故障分类与预测。在数据预处理方面，采用将一维振动信号转换为二维灰度图的方法；在数据增强方面，提出结合生成对抗网络和重叠采样与随机采样的算法；在训练模型方面，采用深度森林和卷积神经网络以及双通道融合方法。这些方法在一定程度上丰富了轴承故障诊断模型，具有一定的工程应用价值和实际应用意义。

1.2 国内外研究现状

轴承故障诊断作为工程应用与理论研究相结合的诊断技术，是各国研究的重点，国内外专家学者提出了大量诊断算法。1976 年，美国海军研究室建立了机械故障预防小组，主要研究机械故障诊断。随着美国在故障诊断领域的研究取得了一定的进展，英国、日本、瑞典等国也加入了这场研究。我国在故障诊断领域的研究起步稍晚，直到 1983 年国家制定了系统的故障诊断体系，旋转机械的故障诊断才引起国内学者的关注。经过 40 年左右的研究与发展，我国在故障诊断领域发展迅速。图 1.1 所示为 2015—2020 年各国在顶级期刊上发表的关于机械故障诊断的论文数量对比，可以发现机械故障诊断研究得到了国内学者的广泛重视。

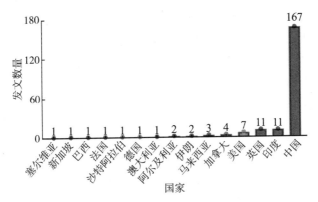

图 1.1　国内外发文量对比（2015—2020 年）

如图 1.2 所示，故障智能诊断方法可以分为以下三种：基于传统信号分析的故障诊断方法、基于机器学习的故障诊断方法和基于深度学习的故障诊断方法。

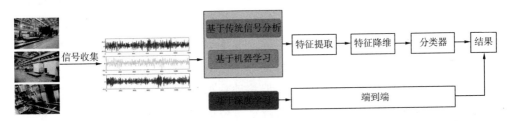

图 1.2　诊断方法步骤分解

1.2.1　基于传统信号分析的故障诊断方法

基于传统信号分析的故障诊断方法可分为时域分析法、频域分析法和时频域分析法。该方法避免了对旋转机械系统建模的问题，核心在于放大信号间的差异，从而达到故障诊断的目的。

　　时域分析法主要使用一些参数的指标来描述振动信号中的信息。常用的时域特征为方根幅值、均方幅值、歪度、波形指标、绝对均值、峭度、峰值指标、裕度指标和偏斜度指标。与频域分析法和时频域分析法相比，时域分析法基于信号本身，相对简单。时域信号作为最原始的波形，保留了最原始、最全面的故障信息。2015 年，Fan 等针对可变传输路径的问题，将加速度计安装在行星架上，应用倒谱白化、最小熵反卷积、谱峰度和包络分析等多种信号处理技术，开发出了一种高效的轴承故障检测算法。结果表明，该方法可以有效地检测行星轴承的内圈和外圈故障。2020年，戴洪德等针对滚动轴承故障诊断中振动信号特征在不同尺度上的表现，提出了一种基于平滑先验分析和排列熵的滚动轴承故障诊断方法。结果表明，相比于使用排列熵和经验模态分解方法，该方法的故障诊断准确率分别提高了 12.5％和 3.125％。

　　时域信号虽然包含了最全面的故障信息，但仅依靠人为挑选的统计信息可能导致其精确性不高。相较于时域，信号在频域上往往会更加简单直观。频域分析是指通过快速傅里叶变换、希尔伯特变换等方法，提取信号中所含的频率成分进行分析。常用的频域特征包括均值、标准差、中心频率、均方根频率、频率集中率和频率峭度。2019 年，Kumar 等针对部分内部模型函数（IMFs）不包含轴承故障诊断信息的问题，采用了一种新颖的动态时间规整算法，用于测量两个信号之间的相似度指标，最后从选定的固有模态函数（IMF）中确定了滚动轴承特征故障频率，并使用包络谱进行分析，提高了模型的性能。2020 年，Gu 等针对滚动轴承微弱故障诊断的问题，提出了一种自适应变分模态分解和 Teager 能量算子的方法。结果表明，该方法能够有效降噪并提取滚动轴承的故障特征，具有更高的峰值信噪比和故障特征系数。宋宇宙等针对轴承早期故障信号的噪声干扰和特征提取困难问题，利用经验小波变换和独立分量分析对轴承信号进行降噪。结果表明，该方法能够有效削弱噪声干扰，突出故障特征频率成分，提高信噪比并准确提取轴承故障特征信息。Kaya 等针对滚动轴承特征提取困难等问题，基于 1D-LBP 方法进行滤波，采用 F-1D-LBP 方法构建特征向量，降低信号中的噪声并提供不同的特征组。结果表明，所提取的特征对轴承故障分类具有良好的效果。

轴承故障振动信号具有非平稳性和非线性，时域分析和频域分析对轴承信号的时变特性难以兼顾，有一定的局限性，且频域分析大多基于快速傅里叶变换，会遗漏信号的时域信息，因此同时考虑时域和频域的时频域分析法成为主流。时频域分析法主要使用短时傅里叶变换、希尔伯特-黄变换、小波变换等方法。2018 年，李奕江等使用变分模态分解对信号进行分解，得到能量熵，并将其组成特征向量输入模型进行训练。结果表明，该模型能够较为准确地识别轴承的磨损状态。Moore 等使用小波有界经验模态分解（WBMED）来分解轴承故障信号，隔离频域中的分量优化固有模态函数（IMF）。结果表明，WBMED 大大提升了经验模态分解（EMD）的效果，并且提取的 IMF 能够包含大量的故障特征。2019 年，Cheng 等针对非平稳振动信号问题提出了一种自适应噪声的互补完备集经验模态分解（CEEMDAN）模型，该模型结合了改进的集合经验模态分解（EEMD）、自适应噪声和互补 EEMD 的优势，通过减少重构误差和减轻模态混叠效应，改善了分解性能，具有较大的性能优势。2022 年，Tang 等针对传统方法在获取振动信号的综合信息方面存在不足等问题，使用 CEEMDAN 进行时域特征提取，利用递归特性消除（RFE）和卡方检验相结合的方法选择最佳特征子集。结果表明，该方法在风力发电机轴承故障诊断中具有有效性和适用性。

1.2.2　基于机器学习的故障诊断方法

传统信号分析主要基于统计和数学方法，而机器学习是从数据中学习模式和规律。机器学习是一种浅层的学习模型，是处理轴承故障诊断最有效的算法之一。机器学习减少了人工对信号处理的操作，使得实验得出的结果更加有效。用于机械故障诊断的常用机器学习算法有决策树（decision tree，DT）、支持向量机（support vector machine，SVM）和人工神经网络（artificial neural network，ANN）等。这三种常见的机器学习算法的优缺点如表 1.1 所示。

DT 是一种常见的机器学习算法，它根据一定的划分标准，通过从数据集中选择最优划分属性来实现分类和回归等任务。2013 年，Muralidharan 等利用连续小波变换从振动信号中提取特征，形成特征集合，使用 DT 作为分类器。实验证明，使用小波变换和 DT 能够提高模型准确率。Amarnath 等利用 DT 对从轴承故障噪声中提取出的特征进行降维，并通过不同的特征属性对故障进行诊断。实验证明，DT 适用于轴承故障诊断，且与加速度计相比，使用麦克风成本更低。2021 年，张炎亮等针对机械设备状态监测与故障诊断技术中特征提取的局限性，提出了一种通过最佳特征数据集对轴承故障进行诊断分析的方法。该方法从原始故障信号数据中提取有用信息，并分别进行幅域和频域特征提取。实验证明，该方法的诊断准确率在 97% 以上，说明该模型具有有效性和可靠性。

表 1.1　常见机器学习算法的优缺点

名称	优点	缺点
DT	① 计算量小； ② 可解释性强； ③ 运行效率高； ④ 缺失值不敏感	① 容易出现过拟合； ② 多分类容易出错
SVM	① 低维数据分类精准； ② 能够处理高维数据	① 对核函数选择敏感； ② 无法处理海量数据
ANN	① 分类较为准确； ② 贴近非线性函数	① 约束条件多； ② 容易过拟合； ③ 训练过程不可见

SVM 是一种二类分类模型，通过将相近的数据映射到同一空间来实现分类。2019 年，Li 等针对基于最小二乘支持向量机（LS-SVM）的传统智能轴承诊断方法需要人工提取特征的问题，提出了深度堆叠最小二乘支持向量机（DSLS-SVM）的方法。该模型的创新点在于采用了堆叠表示学习，DSLS-SVM 在深度堆叠的结构中组合了多个可学习模块的 LS-SVM，将当前模块的输出与原始输入以及所有较低模型的输出结合作为下一个模块的输入。实验证明，该模型能够有效提取振动信号中的内在故障特征。2020 年，Goyal 等研发了一种基于 SVM 的故障诊断算法，使用离散小波变换对信号去噪，选取最强特征，使用 SVM 分类器识别。实验证明，该模型能够有效地检测机械状态。2022 年，郭代华提出了一种基于改进多尺度散布熵和自适应支持向量机的故障诊断算法，改进了多尺度散布熵，能够克服传统多尺度散布熵存在的熵值不稳定问题，并输入哈里斯鹰优化支持向量机中进行故障分类。实验证明，该模型能够有效地识别轴承状态。

黄宇斐等采用主成分分析法对多维原始数据进行降维，使用径向基核函数构建的支持向量机进行故障分类，诊断准确率达到了 97%。

ANN 是一种复杂的网络系统，它能够模拟生物神经对世界做出反应，具有联想、学习和记忆的功能。相较于常规的故障诊断算法，ANN 对噪声敏感度低，输出结果可靠性高。由于轴承故障诊断信号具有非线性特点，而 ANN 能够通过不断地训练来学习确定故障的类型，因此其在轴承故障诊断领域有广泛的应用。目前常用于故障诊断领域的 ANN 可分为反向传播（back propagation，BP）神经网络、自组织映射（self-organizing map，SOM）神经网络和径向基函数（radial basis function，RBF）神经网络。

其中，BP 是一种误差逆传播算法。2016 年，Zhang 等使用遗传算法和模糊 C 均值聚类算法对神经网络进行优化，弥补数据缺陷和不平衡的缺点，为实时诊断提供了一种思路。张淑清等使用粒子群优化的神经网络对故障进行识别。实验结果表明，神经网络可以迅速收敛，取得全局最优值。

SOM 神经网络是一种竞争学习性的神经网络，可以将高维度的数据映射到低维空间。2004 年，Lou 等针对球轴承中的局部缺陷诊断问题，提出了一种基于小波变换和神经模糊分类的方案，利用小波变换对振动信号进行处理并生成特征向量，采用自适应神经模糊推理系统（ANFIS）作为诊断分类器。实验结果表明，该模型能够区分不同的故障状态，即使在负载变化的情况下也能保持有效性。2006 年，何涛等使用元分析对数据进行降维，使用自组织神经网络进行训练，能够快速地提取出轴承故障信号并且分类。

RBF 神经网络是一种单隐层前馈神经网络，特点是使用径向基核函数作为激活函数。2008 年，吴松林等使用小波包分解得到的向量作为 RRF 的输入。实验证明，该算法在学习速度和分类能力上均优于神经网络。2018 年，吴彤等采用基于包络谱灰色关联度的经验模态分解对故障信号进行预处理，然后使用核主元分析降低数据维度，将去除冗余后的特征集输入径向基函数神经网络进行故障程度识别。结果表明，该方法具有较高的准确率。

1.2.3 基于深度学习的故障诊断方法

基于传统信号分析的故障诊断方法虽然能够对轴承信号进行分析及分

类，但是需要大量关于信号分析的专家经验。基于机器学习的故障诊断算法相较于基于传统信号分析的故障诊断算法，不需要大量的专家经验，但是面对海量高维的数据，需要大量的计算且分类效果较弱。而基于深度学习的故障诊断算法只需要少量的样本数据，再加上适当的分类识别技术，即可实现较高性能的故障诊断效果。2006 年，Hinton 等首次提出深度学习（deep learning，DL）的概念，就在各个领域引起了研究热潮。深度学习技术被广泛应用于面部表情识别、目标检测、医疗诊断等领域。随着轴承故障诊断成为研究的热门方向，加上浅层学习在故障诊断上的优秀表现，以及深度学习在图像识别等各个领域的成功应用，国内外学者迅速将深度学习应用在故障诊断中。DL 通过多层神经元单元从输入中提取特征，逐层传递，获得更抽象的数据，因此 DL 模型可以自动地从数据中获取特征，无须人工操作。基于 DL 的故障诊断算法既可以直接将传感器的信号输入，通过神经元提取特征分类，也可以使用信号分析法处理后的数据特征。常见的深度学习模型有卷积神经网络（convolutional neural network，CNN）、循环神经网络（recurrent neural network，RNN）和生成对抗网络（generative adversarial network，GAN），其优缺点如表 1.2 所示。

表 1.2　常见深度学习模型的优缺点

名称	优点	缺点
CNN	① 处理高维数据； ② 特征自动提取	① 训练时间长； ② 训练不可见
RNN	① 接受可变长度输入； ② 提取时间序列信息	① 梯度消失和梯度爆炸； ② 消耗大量的内存容量
GAN	① 实现数据增广； ② 无监督训练方式	① 训练时间长； ② 训练难度大

CNN 是一种前馈神经网络，采用权值共享策略，在轴承故障诊断领域表现出了较为优异的性能。使用 CNN 对轴承故障进行诊断，大体可分为基于一维结构和基于二维结构。一维结构基于时域信号，二维结构可分为基于灰度图和基于时频域图。2019 年，Wang 等针对单个传感器信息特征有限的问题，提出了一种利用整合多个传感器振动信号转换为图像的方法，使用一种新型的卷积神经网络。实验证明，该网络能够获得更高的准确率和更快的收敛速度。Hoang 等针对故障诊断需要大量人工提取和专家

经验等问题，提出了一种基于一维信号的 CNN，该方法直接使用振动信号作为输入，是一种无需任何特征提取技术的自动故障诊断方法。实验证明，该模型在噪声环境下具有较高的准确性和稳健性。2021 年，Gao 等提出了一种基于 Nesterov 动量的自适应 CNN 用于轴承故障诊断，还提出了一种利用误差变化率动态调整学习率的自适应学习率规则。实验结果表明，该算法能够提高神经网络的收敛性。Chen 等针对非平稳工况提出了一种自适应速度调整神经网络，该模型引入瞬时转速信息，在不同操作场景下对齿轮箱故障诊断有着出色的表现。2022 年，Wang 等针对单任务无法学习到相关任务包含的互补信息的问题，提出了一种新颖的多任务注意力卷积神经网络，该网络可以从全局特征中自动学习特定任务的特征。实验结果表明，多任务学习机制可以提高每个任务的学习效率。Chuya-Sumba 等针对一维振动信号提出了一种卷积神经网络，该网络由八层卷积层、一层全连接层和 Softmax 层组成，每个信号的实时处理时间约为 8 ms，重复性标准差为 0.25%，并且能够在故障早期损坏阶段进行检测。

RNN 与 CNN、ANN 不同，其并非前馈神经网络。由于 RNN 隐藏层的输出可以随时加载到自身其他的隐藏层中，即 RNN 在 t 时刻的输入只受到 $t-1$ 时刻的影响，而基于时域的信号中拥有大量的特征信息，因此 RNN 在故障识别领域得到了广泛的应用。2017 年，Guo 等利用 RNN 层中的长短期记忆（LSTM）单元来估计轴承的剩余使用寿命，使用时频特性和相似度来训练 RNN 网络模型进行故障诊断。2019 年，Li 等引用了一种注意力机制来帮助 RNN 定位有效数据段，仅用一个长度为 1024 的轴承样本进行训练就能达到 97.22% 的准确度。2020 年，Hao 等针对 LSTM 计算复杂度较高等问题，提出了一种基于一维卷积的 LSTM 网络方法，该方法能够从多传感器测量的振动信号中提取空间和时间特征。实验证明，该方法不仅能够获得更高的准确率，而且针对不同负载和低信噪比的情况也能获得较好的效果。2021 年，谢远东等提出了一种基于全矢谱的 RNN 故障诊断方法，利用双通道故障信息，在时序信息上提取特征。实验证明，全矢谱循环神经网络方法能够更加全面和准确地提取特征。

在真实工况中，轴承故障信号的采集并不能达到实验室的标准，数据往往是不平衡的，设备运行在正常状态下的时间占大多数。即使检测到有故障也不可能让机器长时间运转，需要及时更换轴承，这导致收集到的正常数据与故障数据的比例是 10∶1，20∶1，甚至是 100∶1。GAN 使用 minimax 博弈的生成框架，由学习器和生成器两个模块组成，能够自动生成样本。自 2014 年 Goodfellow 提出 GAN 以来，GAN 已在许多领域获得了巨大的成功，受到了全球学者的关注。在轴承故障诊断领域，故障数据的不平衡导致故障数据较少。之所以引入 GAN 并基于数据增强策略进行数据扩充，其目的在于生成与真实数据分布相近的样本，从而增加样本数量，解决小样本和样本不平衡的问题。2020 年，Zhou 等针对故障诊断中样本不平衡等问题，提出了一种基于生成对抗网络的新型生成器和判别器的故障诊断方法，通过全局优化方案生成更具判别性的故障样本，并利用自编码器提取故障特征。生成器的训练过程以故障特征和故障诊断误差为指导，判别器用于筛选合格的生成样本。实验结果表明，该方法能够解决故障诊断中样本不平衡的问题，提高故障诊断的准确性。2021 年，Zhang 等针对小样本情况下智能故障诊断困难的问题，提出了一种基于多模块梯度惩罚生成对抗网络的小样本智能故障诊断方法。实验表明，该方法不仅能够生成轴承振动信号，而且在小样本条件下能够获得较高的故障分类准确率。Li 等提出了一种基于梯度惩罚的改进 GAN 的辅助分类器，生成频谱图，克服样本不平衡的问题。陈里里等提出了一种基于小波变换与 CNN 的二维时频图像的轴承故障诊断算法。实验证明，该算法的准确率高于其他基础深度学习算法。2022 年，张笑璐等提出了一种基于深度卷积生成对抗网络的轴承故障诊断算法，选择频域数据作为模型输入，生成近似真实样本分布的虚拟样本，然后构建一维 CNN 完成故障诊断。

DL 模型学习表征能力强、可泛化能力强，但大多使用神经网络构建，拥有大量的超参数，不同的超参数会使模型的故障诊断能力大相径庭。而集成学习通过构建多个学习器来完成任务，通常可以获得比单一学习器更好的泛化能力。随机森林（random forest，RF）是经典的集成学习模型，以 DT 为基学习器，在 DT 训练过程中加入了随机属性。

2017 年，周志华教授团队认为 DL 的成功在于逐层处理、特征转换和足够的模型复杂度，提出了深度森林（deep forest，DF）算法。深度森林是一种决策树集成方法，由多粒度扫描（multi-gained scanning，MGS）和级联森林（cascade forest，CF）组成。通过 MGS 能够充分提取数据中的特征，适用于小样本学习且可解释性强，CF 采用 K 折交叉验证来实现模型深度增长的自动停止。2021 年，丁家满等针对传统神经网络需要大量超参数、模型为黑盒训练、无法使用公式证明等特点，提出了基于 DF 的轴承故障诊断算法，将提取出的时域、频域特征分成两个数据集，使用 DF 做对比实验。实验证明，该算法不仅有效，而且具有较强的泛化能力。2022 年，姜万录等引入全矢增强 DF 的故障诊断算法，将全矢增强与多粒度扫描相结合，接收同源双通道信息。实验证明，该算法能够解决 DF 深层特征消失和特征冗余的问题。刘东川等针对多粒度扫描具有较高的时间复杂度，消耗大量内存空间等问题，提出了一种改进的 DF 模型，该模型结合了 stacking 集成算法与多粒度扫描。结果表明，改进的 DF 模型故障诊断准确率达到了 99.59%，优于常见的轴承故障诊断模型。

　　综上所述，轴承故障诊断方法可分为基于传统信号分析的方法、基于机器学习的方法、基于深度学习的方法。轴承故障诊断步骤可分为故障信号收集、统计特征提取和故障诊断，具体流程如图 1.3 所示。基于传统信号分析的方法和基于机器学习的方法一般需要先对原始轴承信号进行特征提取，再进行故障诊断。而基于深度学习的方法既可以直接使用原始轴承信号进行故障诊断，实现端到端处理，也可以针对特征提取之后的数据进行故障诊断。

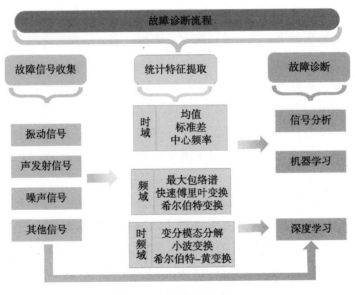

图 1.3　故障诊断流程

随着我国制造业和互联网的高速发展，基于传统信号分析、机器学习、深度学习的故障诊断算法都取得了不错的效果。但是实际轴承信号存在噪声大量充斥在信号中、实际工况下样本不平衡、机械系统巨型化等问题，还存在以下几个问题需要研究和解决：

① 基于传统信号分析的故障诊断算法需要大量的专家经验和人工提取，易受到主观因素干扰，较难实现自适应诊断。

② 基于机器学习的故障诊断算法已经不能适应机械设备检测大数据时代，海量的数据会使机械学习模型过拟合，无法正确地提取特征。

③ 基于深度学习的故障诊断算法在面对实际工况下样本不平衡和小样本数据的时候，分类结果较差。深度学习模型的特征提取模块拥有较强的学习表征能力，结构复杂，但用于分类的 Softmax 函数却较为简单，分类能力不足。

卷积神经网络的关键组件是卷积层，卷积层能通过局部感知野来处理输入数据，层中的神经元只与输入数据的一小块区域连接，而不是整个连接，这使得卷积神经网络相较于一维数据能够更好地捕捉二维图片数据的局部特征值。针对传统信号特征提取算法需要大量专家经验和卷积神经网络对二维图片具有较好的特征提取等特点，本书引入了一种将一维振动信号转换为二维灰度图的数据预处理方法。该方法不仅能够减少专家经验对模型的影响，而且将一维信号转换为二维灰度图的原理并不复杂，操作简单、运行速度较快，实验证明能够取得较好的效果。

针对基于机器学习的故障诊断算法不能适应大数据时代的现状，本书引入了一种采用 CNN 和 DF 相结合的模型，利用深度学习强大的特征提取能力，从海量的数据提取关键信息。大多数 CNN 模型采用 Softmax 函数作为分类器，但 Softmax 函数过于简单，分类能力较弱，而利用级联森林做分类器能够实现更精准的特征提取和故障分类。

针对实际工况下轴承数据样本不平衡的问题，本书提出了两种数据增强算法：重叠随机采样算法和基于条件生成对抗网络（conditional generative adversarial network，CGAN）的数据增强算法。重叠随机采样算法不仅能够增加样本容量，而且能够避免信号采集重叠。而基于 CGAN 的数据增强算法能够利用不平衡样本，得到相似度较高的生成样本，加大样本容量。在此基础上，本书提出了多通道特征融合方法，以期进一步提升轴承故障诊断效果。

参考文献

[1] 王建梅. 现代油膜轴承理论与技术研究进展 [J]. 轴承, 2022 (8): 1-8.

[2] 张明亮. 基于卷积神经网络的滚动轴承故障智能诊断方法研究 [D]. 大连: 大连理工大学, 2021.

[3] HIMMELBLAU D M. Fault detection and diagnosis in chemical and petrochemical processes [M]. Elsevier Science Limited, 1978.

[4] JIAO J Y, ZHAO M, LIN J, et al. A comprehensive review on convolutional neural network in machine fault diagnosis [J]. Neurocomputing, 2020, 417: 36-63.

[5] FAN Z Q, LI H Z. A hybrid approach for fault diagnosis of planetary bearings using an internal vibration sensor [J]. Measurement, 2015, 64: 71-80.

[6] 戴洪德, 陈强强, 戴邵武, 等. 基于平滑先验分析和排列熵的滚动轴承故障诊断 [J]. 推进技术, 2020, 41 (8): 1841-1849.

[7] KUMAR P S, KUMARASWAMIDHAS L A, LAHA S K. Selecting effective intrinsic mode functions of empirical mode decomposition and variational mode decomposition using dynamic time warping algorithm for rolling element bearing fault diagnosis [J]. Transactions of the Institute of Measurement and Control, 2019, 41 (7): 1923-1932.

[8] GU R, CHEN J, HONG R J, et al. Incipient fault diagnosis of rolling bearings based on adaptive variational mode decomposition and Teager energy operator [J]. Mea-surement, 2020, 149: 106941.

[9] 宋宇宙, 汤宝平, 颜丙生. 基于 EWT 和 ICA 联合降噪的轴承故障诊断方法 [J]. 组合机床与自动化加工技术, 2020 (7): 45-48, 54.

[10] KAYA Y, KUNCAN M, KAPLAN K, et al. Classification of bearing vibration speeds under 1D-LBP based on eight local directional filters [J]. Soft Computing, 2020: 1-12.

[11] 李奕江, 张金萍, 李允公. 基于 VMD-HMM 的滚动轴承磨损状

态识别 [J]. 振动与冲击, 2018, 37 (21): 61-67.

[12] MOORE K J, KURT M, ERITEN M, et al. Wavelet-bounded empirical mode decomposition for measured time series analysis [J]. Mechanical Systems and Signal Processing, 2018, 99: 14-29.

[13] CHENG Y, WANG Z W, CHEN B Y, et al. An improved complementary ensemble empirical mode decomposition with adaptive noise and its application to rolling element bearing fault diagnosis [J]. ISA Transactions, 2019, 91: 218-234.

[14] TANG Z H, WANG M J, OUYANG T H, et al. A wind turbine bearing fault diagnosis method based on fused depth features in time-frequency domain [J]. Energy Reports, 2022, 8: 12727-12739.

[15] ZHAO Z B, WU J Y, LI T F, et al. Challenges and opportunities of AI-enabled monitoring, diagnosis & prognosis: a review [J]. Chinese Journal of Mechanical Engineering, 2021, 34 (3): 16-44.

[16] BHUIYAN E A, AKHAND M M A, DAS S K, et al. A survey on fault diagnosis and fault tolerant methodologies for permanent magnet synchronous machines [J]. International Journal of Automation and Computing, 2020, 17 (6): 763-787.

[17] MURALIDHARAN V, SUGUMARANB V. Feature extraction using wavelets and classification through decision tree algorithm for fault diagnosis of mono-block centrifugal pump [J]. Measurement, 2013, 46 (1): 353-359.

[18] AMARNATH M, SUGUMARAN V, KUMAR H. Exploiting sound signals for fault diagnosis of bearings using decision tree [J]. Measurement, 2013, 46 (3): 1250-1256.

[19] 张炎亮, 颜健勇. 基于 G-DPSO 算法的决策树轴承故障诊断方法 [J]. 工业工程, 2021, 24 (6): 41-47.

[20] LI X, YANG Y, PAN H Y, et al. A novel deep stacking least squares support vector machine for rolling bearing fault diagnosis [J]. Computers in Industry, 2019, 110: 36-47.

[21] GOYAL D, CHOUDHARY A, PABLA B S, et al. Support

vector machines based non-contact fault diagnosis system for bearings [J]. Journal of Intelligent Manufacturing，2020，31 (5)：1275-1289.

［22］郭代华. 基于改进多尺度散布熵与自适应支持向量机的滚动轴承故障诊断 [J]. 轴承，2022 (11)：76-82.

［23］黄宇斐，石新发，贺石中，等. 一种基于主成分分析与支持向量机的风电齿轮箱故障诊断方法 [J]. 热能动力工程，2022，37 (10)：175-181.

［24］ZHANG K F，YUAN F，GUO J，et al. A novel neural network approach to transformer fault diagnosis based on momentum-embedded BP neural network optimized by genetic algorithm and fuzzy C-means [J]. Arabian Journal for Science and Engineering，2016，41 (9)：3451-3461.

［25］张淑清，黄文静，胡永涛，等. 基于总体平均经验模式分解近似熵和混合 PSO-BP 算法的轴承故障诊断方法 [J]. 中国机械工程，2016，27 (22)：3048-3054.

［26］LOU X S，LOPARO K A. Bearing fault diagnosis based on wavelet transform and fuzzy inference [J]. Mechanical systems and signal processing，2004，18 (5)：1077-1095.

［27］何涛，万鹏，谢卫容. 基于 CCA 和 SOFM 的轴承故障特征提取 [J]. 三峡大学学报 (自然科学版)，2006，28 (3)：236-240.

［28］吴松林，张福明，林晓东. 基于小波神经网络的滚动轴承故障诊断 [J]. 空军工程大学学报 (自然科学版)，2008，9 (1)：50-53.

［29］吴彤，高彩霞，付子义. 基于改进 EEMD、KPCA 与 RBF 结合的变负载下滚动轴承故障程度识别 [J]. 制造业自动化，2018，40 (8)：63-67.

［30］LECUN Y，BENGIO Y，HINTON G. Deep learning [J]. Nature，2015，521 (7553)：436-444.

［31］WANG H Q，LI S，SONG L Y，et al. A novel convolutional neural network based fault recognition method via image fusion of multi-vibration-signals [J]. Computers in Industry，2019，105：182-190.

［32］HOANG D T，KANG H J. Rolling element bearing fault diagnosis using convolutional neural network and vibration image [J].

Cognitive Systems Research，2019，53：42-50.

[33] GAO S Z, PEI Z M, ZHANG Y M, et al. Bearing fault diagnosis based on adaptive convolutional neural network with Nesterov momentum [J]. IEEE Sensors Journal, 2021, 21 (7): 9268-9276.

[34] CHEN P, LI Y, WANG K S, et al. An automatic speed adaption neural network model for planetary gearbox fault diagnosis [J]. Measurement, 2021, 171: 108784.

[35] WANG H, LIU Z L, PENG D D, et al. Feature-level attention-guided multitask CNN for fault diagnosis and working conditions identification of rolling bearing [J]. IEEE Transactions on Neural Networks and Learning Systems, 2022, 33 (9): 4757-4769.

[36] CHUYA-SUMBA J, ALONSO-VALERDI L M, IBARRA-ZARATE D I. Deep-learning method based on 1D convolutional neural network for intelligent fault diagnosis of rotating machines [J]. Applied Sciences, 2022, 12 (4): 2158.

[37] GUO L, LI N P, JIA F, et al. A recurrent neural network based health indicator for remaining useful life prediction of bearings [J]. Neurocomputing, 2017, 240: 98-109.

[38] LI X, ZHANG W, DING Q. Understanding and improving deep learning-based rolling bearing fault diagnosis with attention mechanism [J]. Signal Processing, 2019, 161: 136-154.

[39] HAO S J, GE F X, LI Y M, et al. Multisensor bearing fault diagnosis based on one-dimensional convolutional long short-term memory networks [J]. Measurement, 2020, 159: 107802.

[40] 谢远东，雷文平，韩捷，等. 全矢 RNN 的轴承故障诊断研究 [J]. 机械设计与制造，2021 (9)：27-31.

[41] GOODFELLOW I, POUGET-ABADIE J, MIRZA M, et al. Generative adversarial networks [J]. Communications of the ACM, 2020, 63 (11): 139-144.

[42] ZHOU F N, YANG S, FUJITA H, et al. Deep learning fault diagnosis method based on global optimization GAN for unbalanced data

[J]. Knowledge-Based Systems，2020，187：104837.

[43] ZHANG T C，CHEN J L，LI F D，et al. A small sample focused intelligent fault diagnosis scheme of machines via multimodules learning with gradient penalized generative adversarial networks [J]. IEEE Transactions on Industrial Electronics，2021，68（10）：10130-10141.

[44] LI Z X，ZHENG T S，WANG Y，et al. A novel method for imbalanced fault diagnosis of rotating machinery based on generative adversarial networks [J]. IEEE Transactions on Instrumentation and Measurement，2021，70：1-17.

[45] 陈里里，付志超，凌静，等. 基于 WPD-CNN 二维时频图像的滚动轴承故障诊断 [J]. 组合机床与自动化加工技术，2021（3）：57-60，65.

[46] 张笑璐，邹益胜，曾大懿，等. 样本不均衡下的 DCGAN 轴承故障诊断方法 [J]. 机械科学与技术，2022，41（1）：9-15.

[47] BREIMAN L. Random forests [J]. Machine Learning，2001，45：5-32.

[48] ZHOU Z H，FENG J. Deep forest [J]. National Science Review，2019，6（1）：74-86.

[49] 丁家满，吴晔辉，罗青波，等. 基于深度森林的轴承故障诊断方法 [J]. 振动与冲击，2021，40（12）：107-113.

[50] 姜万录，李满，张培尧，等. 基于全矢增强深度森林的旋转设备智能故障诊断方法 [J]. 中国机械工程，2022，33（11）：1324-1335.

[51] 刘东川，邓艾东，赵敏，等. 基于改进深度森林的旋转机械故障诊断方法 [J]. 振动与冲击，2022，41（21）：19-27.

[52] LIU W Y，WEN Y D，YU Z D，et al. Large-margin softmax loss for convolutional neural networks [J]. Journal of Machine Learning Research，2016，48：507-516.

滚动轴承、数据集与常用模型

2.1 滚动轴承分析

2.1.1 滚动轴承结构分析

滚动轴承是将运转的轴与轴座之间的滑动摩擦变为滚动摩擦，从而减少摩擦损失的一种精密机械元件。如图 2.1 所示，滚动轴承由四个部分组成，分别为内圈、外圈、滚动体和保持架。其中，内圈安装在轴颈上，与轴相连，在工作过程中随着轴的运动而运动，内圈外侧面有着极其光滑、尺寸精密的滚道，用于滚动体滚动；外圈安装在轴承座孔内，在工作过程中不会随轴承座旋

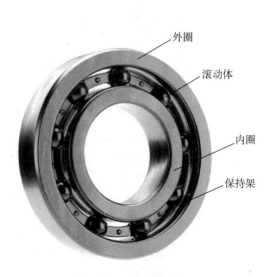

图 2.1　滚动轴承的结构

转，且其内侧面也具有滚道；滚动体是滚动轴承的核心元件，分布在内圈与外圈之间的滚道上，滚动体的形状、大小及数量都会影响滚动轴承的使用性能和寿命；保持架可使滚动体均匀地分布，并且能够阻止滚动体掉落，在滚动轴承正常工作过程中还能在一定程度上有效地减少摩擦，引导滚动体旋转，从而起到润滑的作用。

2.1.2 滚动轴承故障类型介绍

由于滚动轴承的运行工况、承载方向和运动形式具有很强的复杂性，因此在实际使用中会出现多种故障类型，且多种故障可能同时发生。轴承故障的成因可分为两大类：内部因素和外部因素。内部因素主要包括轴承在工作过程中承受的机械力和热变形的影响；外部因素则主要包括轴承在安装或操作过程中导致其组成部分出现故障的不当操作，如轴承安装不规范、未加入润滑液等。

当转速低于 10 r/min 时，轴承常见的故障形式有以下几种。

① 疲劳失效。由于接触载荷的反复作用，滚动体和内外圈表面因反复弹性变形而致冷硬化，形成细小裂纹。随着轴承的持续运转，金属表层产生片状剥落，这种失效形式被称为疲劳失效，主要是由疲劳应力造成的。一旦发生疲劳剥落，设备的噪声和振动就会持续增大。

② 磨损失效。磨损失效是轴承故障诊断中最常见的故障形式。在滚动轴承运转过程中，如果滚动体和外圈之间侵入了金属粉末或者其他坚硬的材料，就会形成磨料磨损。当磨损量较大时，轴承便会产生游隙噪声。

③ 塑性失效。塑性失效是指因轴承内部塑性变形而引起的失效。当载荷或惯性力过大时，滚动体和轨道之间会产生塑性变形。随着长时间地工作，这种变形会累积甚至扩大，最终导致轴承失效。

④ 腐蚀。轴承金属表面与外界发生化学反应会产生腐蚀。当滚动轴承部件的钢与水或酸接触时，其表面会发生氧化，形成腐蚀坑，并最终导致表面剥落。

⑤ 断裂。轴承在运转过程中往往会由于载荷过大、转速过高、润滑不足和装配不当而产生巨大的热应力，导致轴承零件破断或出现裂纹。

2.1.3 滚动轴承故障信号特点

滚动轴承故障信号是一种复杂的振动信号，直接利用振动信号进行故障诊断是困难的。滚动轴承故障信号主要具有如下特点。

（1）冲击特性

当滚动轴承发生故障时，在其运行过程中，由于故障位置的材料缺失或损坏，每次故障位置与其他表面接触时就会产生瞬间的冲击。不同故障类型的振动信号具有不同的冲击特征，类似故障类型的振动信号也表现出类似的冲击特征。然而，在实验采集过程中，由故障引起的冲击波形很容易被淹没在噪声中，因此提取冲击特征来区分不同程度的损伤具有挑战性。

（2）非平稳性

在传播过程中，信号响应的冲击特性会随时间而衰减，呈现出时变的特性。由于受到冲击事件发生和冲击特征衰减的影响，滚动轴承故障的振动信号表现出明显的非平稳性。

（3）非线性

滚动轴承的故障振动信号不符合叠加原理，不具有叠加性质，因此具有非线性特征。滚动轴承故障振动信号主要是由阶跃信号和冲击信号两部分组成的。在轴承旋转过程中，当其进入缺陷位置时会产生阶跃信号，当其离开缺陷位置时则产生冲击信号。

故障在时域振动波形上是以周期性冲击体现的。故障类型、位置等不同，对应振动信号的特征频率也不同。因此，利用特征频率就能粗略察觉轴承各个部件是否发生明显故障。各个部件的故障特征频率如式（2-1）至式（2-4）所示。

外圈故障特征频率：

$$f_\circ = \frac{n}{60} \times \frac{1}{2}\left(1 - \frac{d}{D}\cos\alpha\right)Z \qquad (2\text{-}1)$$

内圈故障特征频率：

$$f_i = \frac{n}{60} \times \frac{1}{2}\left(1 + \frac{d}{D}\cos\alpha\right)Z \qquad (2\text{-}2)$$

滚动体故障特征频率：

$$f_b = \frac{n}{60} \times \frac{D}{2d}\left[1 - \left(\frac{d}{D}\right)\cos^2\alpha\right] \qquad (2\text{-}3)$$

保持架故障特征频率：

$$f_c = \frac{r}{60} \times \frac{1}{2} \left(1 - \frac{d}{D} \cos \alpha \right) \qquad (2\text{-}4)$$

式中：Z 为滚动体数量；D 为轴承节径；d 为滚动体直径；α 为轴承接触角；n 为转速；r 为倒角尺寸。

2.2 滚动轴承数据集

本书实验数据集主要来自凯斯西储大学（CWRU）、江南大学（JNU）和帕德博恩大学（PU）。

2.2.1 凯斯西储大学数据集

凯斯西储大学数据集是世界上公认的滚动轴承故障诊断数据集，几乎所有关于滚动轴承的论文都使用了 CWRU 数据集。为了验证算法的性能，必须使用统一的数据集来衡量，因此本书中的部分模型采用 CWRU 数据集作为实验对象。如图 2.2 所示，CWRU 数据集的实验装置由电机、译码器、功率计和若干轴承组成。轴承连接着电动机的转动轴，驱动端轴承型号为 SKF6205，风扇段轴承型号为 SKF6203。

图 2.2 CWRU 数据集实验装置

本实验轴承故障由电火花加工技术造成，采样频率为 12 kHz 和 48 kHz。

故障类型共分为 3 种：外圈故障（OR）、内圈故障（IR）和滚动体故障（BF）。轴承损伤直径的大小分别为 0.007，0.014，0.021 in（1 in ＝ 2.54 cm）。因此，共有 9 种损伤状态和 1 种正常状态（NO）。电机功率（工况）分别为 0，1，2，3 hp（1 hp＝0.75 kW）。电机转速为 1797～1720 r/min。

CWRU 数据集的特点如下：

① 数据集包含不同位置传感器所采集的数据，即由驱动端采集和风扇端采集。因此，CWRU 可用于不同传感器的诊断场景。

② 数据集包含不同大小的故障损伤。因此，CWRU 数据集可用于不同故障大小的训练和测试。

③ 数据集包含不同工况，适合对不同工况的诊断研究。

2.2.2　江南大学数据集

江南大学数据集是国内知名的轴承数据集，近几年使用趋势正在增强。如图 2.3 所示，JNU 数据集的实验装置由采集器、放大器和电机组成。电机为 3.7 kW 三相感应电机，转子由双轴承承担，其中一个存在故障缺陷。

图 2.3　JNU 数据集实验装置

本实验采用线切割加工技术，在轴承外圈、内圈和滚动体上刻出 0.3 mm×0.05 mm 大小，模拟真实出现的故障。故障共分为三种：外圈故障、内圈故障和滚动体故障。采样频率为 50 kHz，转速分别为 600，800，1000 r/min。

JNU 数据集的特点如下：

① 数据集大小适中，适合多种诊断模型。

② 数据集包含多种转速。因此，JNU 数据集适用于不同工况的研究和跨工况的研究。

2.2.3 帕德博恩大学数据集

第三个数据集来自帕德博恩大学（PU）。PU 数据集的实验装置如图 2.4 所示。实验装置由电动机、扭矩测量轴、滚动轴承测试模块、飞轮和负载电机组成。实验时，通过将不同损伤类型的轴承安装在轴承测试模块中，生成实验数据，测试轴承型号均为 6203 型。

图 2.4　PU 数据集实验装置

帕德博恩数据集为了减少外部影响，使用加速寿命实验产生实际的轴承损伤，虽然时间花费大，但可以系统产生固定的损伤轴承。实验将损伤的轴承分为内环损伤和外环损伤两类，从中各取 5 种损伤的轴承，再将其数据与 5 种健康工作时的轴承的数据构成训练数据，详细的训练数据分类见表 2.1。训练数据集被分为健康（H）、外环损伤（OR）、内环损伤（IR）三个分类标签。

表 2.1　帕德博恩大学轴承数据集故障分类标签

标签	轴承代码	轴承损伤类型	故障分布	损伤特征
H	K001	正常	无	无
	K002	正常	无	无
	K003	正常	无	无
	K004	正常	无	无
	K005	正常	无	无

标签	轴承代码	轴承损伤类型	故障分布	损伤特征
OR	KA04	疲劳点蚀	无重复	单点式
	KA15	塑性变形缺口	无重复	单点式
	KA16	疲劳点蚀	随机	单点式
	KA22	疲劳点蚀	无重复	单点式
	KA30	塑性变形缺口	随机	分布式
IR	KI04	疲劳点蚀	无重复	单点式
	KI14	疲劳点蚀	无重复	单点式
	KI16	疲劳点蚀	无重复	单点式
	KI18	疲劳点蚀	无重复	单点式
	KI21	疲劳点蚀	无重复	单点式

2.3 轴承故障诊断常用模型

2.3.1 信号分析方法

目前，对轴承故障进行诊断主要以振动信号为基础。其中，对故障信号进行特征提取是整个诊断环节的关键步骤，良好的分析方法能够对故障特征进行高效地提取，从而为后续的故障诊断提供保证。对采集到的振动信号进行处理和分析，从中提取特征并进行故障模式分类是一种常用的方法。

在实际工程实践中，轴承振动信号表现出非线性和非平稳性，大大增加了轴承故障特征提取的难度。目前针对振动信号分析方法的研究主要集中在时域、频域和时频域三个方面。

（1）时域分析方法

时域分析是滚动轴承振动信号处理中的一种常用方法，通过对振动信号的时域波形进行分析，可以提取滚动轴承在不同运行状态下的振动特征，从而有效地检测出轴承的故障。时域分析可以使用多种指标来描述振动信号，如峰值、均方根值、峰峰值等。对这些检测指标进行分析，可以判断出轴承的故障类型和故障位置。

（2）频域分析方法

频域分析方法能够将时域信号转化为频域信号进行分析。与时域分析方法相比，频域分析方法能够更加清晰地显示不同故障在频域上的表现，从而更好地分析故障信号的频率特性和谐波内容，判断出机械设备的状态。频域分析方法的理论基础为傅里叶变换，常用的频域指标包括功率谱密度、频率响应函数等。

（3）时频域分析方法

时频域分析可以同时分析信号的时域和频域特征，从而更全面地分析和处理滚动轴承振动信号。常用的时频域分析方法包括傅里叶变换、经验模态分解和小波变换等。在进行时频域分析时，需要选择合适的时间窗口和频率分辨率，以保证分析的准确性和可靠性。

2.3.2　卷积神经网络

传统卷积神经网络（CNN）是由多个类似的多层结构构成的分层网络，如图 2.5 所示。经典的网络模型（如 LeNet、AlexNet、VGG 等）都是由这种类型的结构组成的。当一张待处理的图像输入卷积神经网络时，通常需要经过 5 个重要环节来对图像进行特征提取：① 从输入层（Input）输入数据；② 在卷积层（Convution）对输入数据进行特征提取；③ 通过池化层（Pooling）减少网络的参数数量，简化计算复杂度；④ 通过全连接层（Fully connected）进行分类、回归等任务的处理；⑤ 在输出层（Output）输出模型的预测结果。卷积层有着权值共享的特性和较高的运算速度，可以实现对图像特征进行自动提取。池化层起到减少计算量以及使网络模型收敛提速的作用。为了实现图像分类任务，通常在输出层设置一个 Softmax 分类器。同时，在网络的训练过程中各层的参数也会被更新和优化。下面对 CNN 的基本结构进行介绍。

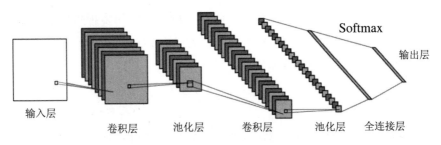

图 2.5　卷积神经网络

（1）卷积层

在计算机科学领域，图像通常由若干个大小相同的矩阵构成，每个矩阵由 0～255 之间的像素值组成。卷积层通过使用卷积核对输入数据进行卷积运算得到特征图。随着卷积神经网络的不断加深，可以通过叠加卷积层来提取更深层次的图像特征。每一层卷积层都会使用多个大小相同的卷积核，常见的卷积核大小包括 5×5 和 3×3 等。每一次进行卷积操作时，卷积核会滑动并覆盖输入图像的不同区域，随着卷积核大小的增大，其覆盖的区域也会增大。

以图 2.6 为例，假设输入的单通道灰度图中的像素值为 0 和 1，大小为 5×5×1，卷积核大小为 3×3×1。在卷积操作中，卷积核被看作一个滑动窗口，通过与输入数据的像素点逐一相乘，再将结果求和得到一个大小为 3×3×1 的特征图。滑动窗口在图像上的滑动步长为 1，因此特征图的大小和卷积核的大小相同，为 3×3×1。通常情况下，较小的卷积核能够提取更局部、更细粒度的特征，计算量较大；较大的卷积核能够提取更全局、更抽象的特征，计算量较小。

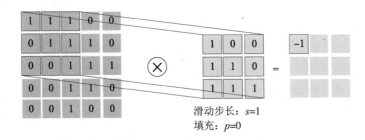

滑动步长：$s=1$
填充：$p=0$

图 2.6　卷积运算示意图

滑动步长是指卷积核在进行卷积操作时每次滑动的距离。滑动步长越

大，输出特征图的大小就越小；滑动步长越小，输出特征图的大小就越
大。通常情况下，较小的滑动步长可以提取更多的特征信息，但会导致计
算量增加；较大的滑动步长能减少计算量，但会减少提取到的特征信息。
因此，滑动步长一般设置为 1 或 2。由于输入图像的边缘在卷积操作过程
中所占比例远低于中心区域，因此必须在其边缘处填充一块空白像素以防
止边缘信息丢失。在图像卷积操作中，填充方式通常有两种，分别是
"Same" 和 "Valid"。其中，"Same" 表示在输入数据的边缘周围添加额外
的像素值，使输出特征图的大小与输入数据的大小相同；"Valid" 表示不
进行填充，只对有效的部分进行卷积，输出特征图的大小会随着滤波器和
步长的改变而变化，使用此方式进行卷积操作后，输入图像与输出特征图
的大小关系可以表示为

$$\text{output\_size} = \frac{n+2p-f}{s}+1 \qquad (2\text{-}5)$$

式中：n 表示输入图像的长与宽；output_size 表示输出特征图的长与宽；
p 表示填充；f 表示卷积核的长与宽；s 表示滑动步长。

卷积层的前向传播计算公式为

$$X_j^l = f\Big(\sum_{i \in M_j} X_i^{l-1} * k_{ij}^l + b_j^l\Big) \qquad (2\text{-}6)$$

式中：X_j^l 表示第 l 层网络的第 j 个卷积核输出的特征图；$f(\ )$ 表示非线
性激活函数；$*$ 表示卷积运算；M_j 表示输入特征图的集合；k_{ij}^l 表示卷积
核的权值；b_j^l 表示偏置。

通过对输入图像进行卷积操作，可以将图像在高维度空间的特征映射
到低维度空间，以此来提高图像的线性可分性。此外，由于 CNN 处理的
问题往往具有较强的非线性的特点，因此选用非线性激活函数。常用激活
函数的表达式如表 2.2 所示。

表 2.2　常用激活函数的表达式

激活函数	表达式
Tanh	$f(x) = \dfrac{e^x - e^{-x}}{e^x + e^{-x}}$
Sigmoid	$f(x) = \dfrac{1}{1 + e^{-x}}$
ReLU	$f(x) = \begin{cases} 0, & x < 0 \\ x, & x \geqslant 0 \end{cases}$

在表 2.2 中，Tanh 函数和 Sigmoid 函数的输出值分别在 $[-1,1]$ 和 $[0,1]$ 之间，在使用 Tanh 与 Sigmoid 函数前需要对输入数据进行归一化处理，否则会让输出值处于平坦区域，得到的结果会趋向于相同的数值。ReLU（修正线性单元）函数在实践中通常表现更好，它不仅能够解决梯度消失的问题，而且具有更快的计算速度，不需要做归一化处理。近年来，ReLU 函数被广泛应用于各种模型中，在有效解决梯度消失问题的同时，还避免了饱和性问题的出现，提高了神经网络的稀疏表现能力和泛化能力。

（2）池化层

池化层（也称为下采样层）能够将每个区域的特征值进行聚合，以缩小特征图的大小，从而在减少计算量的同时提高模型的鲁棒性和泛化能力。常见的池化操作包括平均池化和最大池化。其中，平均池化是将每个区域中的特征值取平均值作为输出，最大池化则是将每个区域中的最大值作为输出。池化计算方式可表示为

$$X_j^l = f[\beta_j^l \cdot \mathrm{sub}(X_j^{l-1}) + b_j^l] \tag{2-7}$$

式中：β_j^l 和 b_j^l 分别表示乘性偏置和加性偏置；$\mathrm{sub}(\ )$ 表示对应的下采样函数。

通过对机器视觉任务中的纹理特征进行分析，发现最大池化能够对周期信号中的特征进行有效提取，因此本书中所有方法均选用最大池化。

池化层与卷积层类似，同样需要设置一些超参数，包括滑动步长、填充方式及采样窗口大小。在实际应用中，大多数 CNN 模型将滑动步长设置为 2，采样窗口大小设置为 2×2，填充方式设置为 Valid。由于输出特征图的长与宽通常为偶数，因此这种池化方法会将特征图的大小减半，从而极大地减少模型所需的参数量和计算量。除此之外，与卷积层相比，池化层在训练过程中不需要对参数进行优化更新。池化操作如图 2.7 所示。

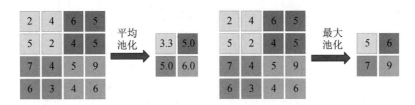

图 2.7　池化操作示意图

（3）全连接层和输出层

CNN 利用卷积层和池化层提取图像特征，然后通过全连接层对提取的特征进行分类，最后由输出层输出神经网络的预测结果。全连接层和输出层的示意图如图 2.8 所示。

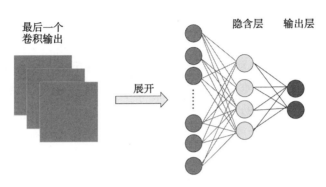

图 2.8 全连接层和输出层示意图

全连接层和典型的前馈网络类似，在进行卷积和池化操作后，特征图被扁平化处理，接着被输入全连接层进行训练与特征分类。全连接层能够将上一层的特征向量转换为输出向量，表达式为

$$a^l = \sigma(z^l) = \sigma(W^l a^{l-1} + b^l) \tag{2-8}$$

式中：a^l 为第 l 层的输出；W^l 为第 l 层的权重；a^{l-1} 为第 $l-1$ 层的输出，即 l 层的输入信号；b^l 为第 l 层的偏置；z^l 为第 l 层的输入加权与偏置的和；$\sigma(\ )$ 为激活函数。

针对图像分类问题，CNN 的输出层通常采用 Softmax 分类器。Softmax 分类器通过对输出向量进行指数变换，将其转换为正值，再进行归一化处理，得到每个类别的概率分布。Softmax 分类器的表达式为

$$\mathrm{Softmax}(x_i) = \frac{e^{x_i}}{\sum_{j=1}^{N} e^{x_j}} \tag{2-9}$$

式中：$\mathrm{Softmax}(x_i)$ 表示输入向量中第 i 个元素经过 Softmax 函数后的值，即第 i 个类别的概率预测；x_i 表示输入向量中第 i 个元素的原始得分（线性输出）；N 表示输入向量的维度，即类别的数量；e 表示自然对数的底数。

由此可见，可以将输出层的结果视为 CNN 对输入图像进行分类的预

测结果。每个输入样本在 Softmax 分类器的输出结果中对应的数值可以理解为该样本属于不同类别的置信度，输出值较大的类别则被认为是 CNN 对该图像预测的分类结果。

2.4　本章小结

本章主要介绍了滚动轴承故障诊断相关的理论知识，如滚动轴承的基本结构、滚动轴承常见的故障原因和故障形式、轴承信号特点，以及 CWRU 数据集、JNU 数据集和 PU 数据集。滚动轴承故障振动信号是一种复杂信号，具有不可叠加、非线性的特点，而基于深度学习的轴承故障诊断研究都是基于信号，因此了解信号特点是必要的。同时，本章还介绍了 CNN 中卷积层、池化层、全连接层和输出层的各种细节。本章可为后续方法实验提供理论基础。

参考文献

[1] SMITH W A, RANDALL R B. Rolling element bearing diagnostics using the Case Western Reserve University data：a benchmark study [J]. Mechanical systems and signal processing，2015，64（165）：100-131.

[2] 胡智勇，胡杰鑫，谢里阳，等 . 滚动轴承振动信号处理方法综述 [J]. 中国工程机械学报，2016，14（6）：525-531.

[3] 纪国宜，赵淳生 . 振动测试和分析技术综述 [J]. 机械制造与自动化，2010，39（3）：1-5，50.

[4] 安晓红 . 基于振动信号处理的旋转机械故障诊断研究 [D]. 石家庄：石家庄铁道大学，2017.

[5] 陈琼 . 基于信号处理的模式识别方法在滚动轴承故障诊断中的应用 [D]. 北京：北京化工大学，2011.

[6] 林国星，杨建国，淳良，等 . 基于小波变换和 Hilbert 变换的汽油机爆震边缘诊断 [J]. 内燃机学报，2019，37（4）：351-358.

［7］张知先，陈伟根，汤思蕊，等. 基于互补集总经验模态分解和局部异常因子的有载分接开关状态特征提取及异常状态诊断［J］. 电工技术学报，2019，34（21）：4508-4518.

［8］乔志城，刘永强，廖英英. 改进经验小波变换与最小熵解卷积在铁路轴承故障诊断中的应用［J］. 振动与冲击，2021，40（2）：81-90，118.

［9］KRIZHEVSKY A，SUTSKEVER I，HINTON G E. Imagenet classification with deep convolutional neural networks［J］. Communications of the ACM，2017，60（6）：84-90.

［10］LIN M，CHEN Q，YAN S. Network in network［EB/OL］.（2013-12-16）［2023-04-13］. http：//arxiv. org/abs/1312. 4400. arXiv：1312. 4400，2013.

［11］SIMONYAN K，ZISSERMAN A. Very deep convolutional networks for large-scale image recognition［EB/OL］.（2014-09-04）［2023-04-20］. http：//arXiv. org/abs/1409. 1556.

卷积级联森林滚动轴承故障诊断方法

3.1 引言

轴承的时序信号中隐藏着大量的特征信息，随着制造业的发展，海量的数据得以收集。基于传统信号分析的故障诊断算法需要大量的专家经验，导致计算精度较低，算法泛化能力较差，已经越来越不适合当前的形势。随着深度学习的发展，基于深度学习的算法为故障诊断领域带来了新的机遇。

卷积神经网络（CNN）的优势在于学习表征能力强，可以自动进行特征提取，能够应用于高维度数据，不需要专家经验；其缺点是拥有大量的超参数，需要人工花费大量时间去调整最佳参数解，且模型类似于黑盒，可解释性较低，当数据规模不能达到一定的上限时，就会出现较低的泛化性。针对神经网络需要大量超参数调参的问题，2017年，周志华教授团队提出了深度森林模型（DF）。DF由多粒度扫描（MGS）和级联森林（CF）组成。MGS的优势在于能够充分提取数据中的特征，适用于小样本学习且可解释性强，但MGS会产生大量的子样本，每个子样本都需要经过基学习器提取特征和融合叠加，然后输入级联森林中。由于子样本量剧增容易产生数据特征的冗余、增加数据的维度、消耗内存的容量，所以不适合应用于超高维度的数据。MGS的工作原理类似于从常规CNN中除去最后一层分类器，即只做特征提取，不做分类。而CNN中使用池化操作相比MGS可以降低模型计算量。相较于CNN的特征提取能力，MGS存在时间复杂度较高、特征提取能力较弱等问题。常见的CNN模型采用的是Softmax分类器，但Softmax不是高级分类器，只有使用更高级的分类器（如级联森林），才能够充分学习隐藏在特征中的故障信息。

本章的创新点在于：

① 模型使用二维灰度图作为输入，使用多层宽卷积核 CNN 对信号做特征提取，使用级联森林作为特征分类器，对特征做细粒度分类，结合 CNN 和 DF 的优点并避免这两个模型的缺点，从而降低模型的复杂度，提高故障诊断的精度。

② 数据预处理采用归一化一维振动信号转二维灰度图的方法，数据增强采用数据重叠采样和随机采样相结合的方法。传统深度学习方法基于时域、频域和时频域需要使用 FFT、FT 和 PCA 等方法，以及需要专家经验，而二维灰度图无需专家经验，相比于直接使用时序信号能够获得更高的准确率且需要更少的时间。

本章的主要结构如下：

① 介绍 CNN 和 DF 相关理论。

② 详细介绍数据预处理方法，即采用归一化和数据增强转二维灰度图的预处理方法。通过数据增强算法增加训练样本数量，从而提高模型的泛化能力。

③ 为了验证本章算法的可行性，使用 CWRU 数据集和 JNU 数据集进行实验。用多工况下、多种样本容量实验验证样本容量对模型的影响，证明本章所提的数据增强算法对轴承故障诊断的有效性。用网络维度不同的对照实验验证本模型能够较好地提取特征，相较于 CNN 和 DF 能够获得更高的准确率。模型抗噪实验验证卷积级联森林（convolutional deep forest，CDF）能够在噪声环境下获得较高的准确率。

3.2　理论介绍与分析

3.2.1　卷积神经网络

卷积神经网络是一种多级网络结构，主要包含卷积层、池化层、激活层和分类层。其中，分类层主要包括全连接层和 Softamx 层。本章将探寻维度对故障诊断的影响，主要包括一维振动信号和基于二维灰度图。

（1）卷积层

卷积是 CNN 中最重要的特征提取步骤，主要有两个特点：局部连接和权值共享。局部连接是指在空间上连接的部分是局部的，权值共享是指同一层的卷积使用相同的卷积核并且以相同的步长来遍历输入，权值共享的目的在于降低卷积层中参数的数量，避免参数过多造成过拟合，从而加快网络计算的速度。卷积计算公式如式（2-8）所示。

在故障诊断领域，卷积运算通常可分为一维卷积和二维卷积，如图 3.1 所示。

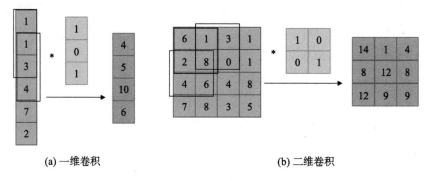

(a) 一维卷积   (b) 二维卷积

图 3.1　不同维度的卷积示意图

（2）池化层

池化层通常在卷积层之后，主要是为了降采样，避免冗余。常用的池化操作为平均值池化和最大值池化。池化公式如式（3-1）所示，操作如图 3.2 所示。

$$X_j^l = \begin{cases} \text{avg}(X_i^{l-1} \times A) \\ \text{max}(X_i^{l-1} \times A) \end{cases} \tag{3-1}$$

式中：X_j^l 为第 j 层的第 l 个元素；A 为池化区域；avg( ) 为取平均值池化；max( ) 为取最大值池化。

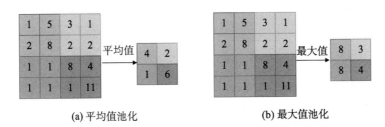

(a) 平均值池化　　　　　　　　(b) 最大值池化

图 3.2　不同维度的池化示意图

（3）全连接层

　　堆叠多个卷积层和池化层模块后，通常会使用全连接层做进一步的特征提取。相较于局部连接，全连接是指将上一层数据与这一层全部连接。如图 3.3 所示，前几层的操作是将原始数据映射到抽象的隐藏空间，而全连接层（full connection layer，FCL）是将学习到的分布式特征映射到样本标记的空间。其计算公式如式（3-2）所示。

$$f_c^l = \sigma(\omega^l \cdot f_c^{l-1} + b^l) \tag{3-2}$$

式中：f_c^l 为第 l 层 FCL 的输出特征；ω^l 为连接权重；b^l 为偏差；$\sigma(\ )$ 为非线性激活函数。

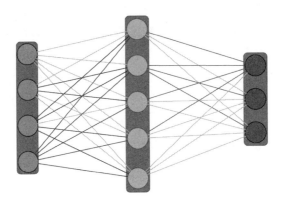

图 3.3　全连接层示意图

　　通常最后一层 FCL 是输出层，如果做分类任务也叫分类层，通常采用 Softmax 分类器。Softmax 函数公式如式（3-3）所示。

$$S_i = \frac{e^{z_i}}{\sum_{c=1}^{C} e^{z_c}} \tag{3-3}$$

式中：z_i 为第 i 个节点的输出值；C 为分类类别数。

（4）激活函数

如果没有激活函数，那么每一层的输出都是上一层输入的线性函数。激活函数将非线性特性引入神经网络，使得神经网络可以逼近任何非线性函数，从而应用到更多的场景中。神经网络中常用的激活函数有 Sigmoid 函数、Tanh 函数和 ReLU 函数。

Sigmoid 函数：

$$f(x) = \frac{1}{1 + e^{-x}} \tag{3-4}$$

Tanh 函数：

$$f(x) = \frac{e^x - e^{-x}}{e^x + e^{-x}} \tag{3-5}$$

ReLU 函数：

$$f(x) = \max(0, x) \tag{3-6}$$

当输入值的绝对值很大时，Sigmoid 函数和 Tanh 函数的导数值将会无限接近于 0，随着网络层数的增加，误差值向下传播也逐渐变得困难，从而导致梯度消失。而 ReLU 函数在输入值大于 0 时，导数值恒等于 1，不仅可以加快网络学习速度，还可以缓解梯度消失问题，故在 CNN 中得到了广泛使用。然而 ReLU 函数存在一个潜在问题：当输入值小于 0 时，梯度为 0，这会导致最初不活跃的单元永远不活跃，基于梯度优化也不会调整权重。为了解决 ReLU 函数存在的问题，研究人员提出了更高级的激活函数：LReLU（leaky ReLU）函数、PReLU（parametric ReLU）函数和 ELU（exponential linear unit，指数线性单元）函数。这三种激活函数的公式分别如式（3-7）、式（3-8）和式（3-9）所示。

$$f(x) = \begin{cases} x, & x > 0 \\ 0.01x, & \text{其他} \end{cases} \tag{3-7}$$

$$f(x) = \begin{cases} x, & x > 0 \\ ax, & \text{其他} \end{cases} \tag{3-8}$$

$$f(x) = \begin{cases} x, & x > 0 \\ a(e^x - 1), & \text{其他} \end{cases} \tag{3-9}$$

上述 6 种激活函数的图像如图 3.4 所示。

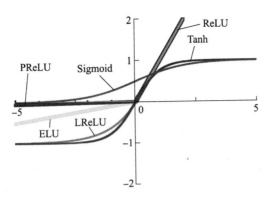

图 3.4　6 种激活函数的图像

3.2.2　CART 决策树

决策树是一种常见的机器学习算法，是依靠树形结构来进行决策的，决策过程的最终结论对应了所希望的判定结果。决策树由一个根结点、多个内部节点和多个叶子节点组成。叶子节点对应的是决策树做出的判定结果，其他内部节点对应的是属性测试。决策树的生成是一个分治递归的过程，目的是产生一棵泛化能力突出的决策树，具体流程如图 3.5 所示。

从属性集中进行特征选择的算法包含迭代二叉树 3 代（iterative dichotomiser，ID3）算法、C4.5（ID3 扩展）算法和分类回归树（classification and regression tree，CART）算法。总的来说，ID3 算法基于信息增益来划分属性，对缺失值敏感；C4.5 算法基于增益率来选择最优划分属性。这两种算法只能用于分类任务，而 CART 算法对于分类和回归任务都可用。

CART 算法使用基尼指数（Gini Index）来选择最优划分属性，基尼值可以代表数据集的纯度。直观来说，基尼值越小，数据集的纯度越高。其计算公式如式（3-10）所示。

$$\text{Gini} = \sum_{i=1}^{n} p(x_i) \times [1 - p(x_i)] = 1 - \sum_{i=1}^{n} p(x_i)^2 \tag{3-10}$$

式中：$p(x_i)$ 为 x_i 出现的概率；n 为总类别数量。

图 3.5 中，属性 a 的基尼指数定义为

$$\text{Gini}(D \mid A = a) = \frac{|D_v|}{|D|} \text{Gini}(D_v) \tag{3-11}$$

在所有的属性集 A 中，选取基尼指数最小的属性为最优划分属性。

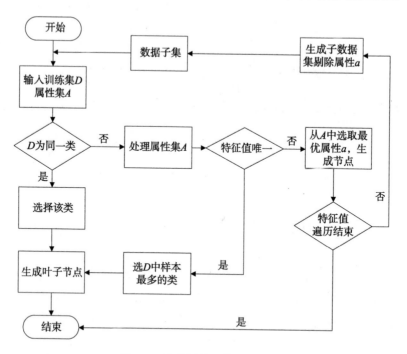

图 3.5 决策树学习算法流程图

3.2.3 随机森林

随机森林从引导聚集（bootstrap aggregating，Bagging）算法中演变而来，取得了比 Bagging 算法更低的泛化误差，被誉为"代表集成学习技术水平的方法"，在故障诊断领域得到了广泛的应用。Bagging 算法原理如图 3.6 所示，对于给定包含 n 个样本的数据集，有放回地随机取出 n 个样本，重复 m 次，即上次取出的样本仍有可能再次被取出。这样能够得到 m 个包含 n 类样本的数据子集，然后使用不同的基学习器训练预测，最后通过集成分类器整合出最终的预测结果。

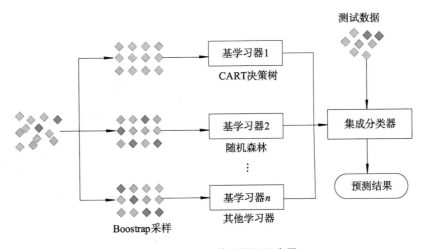

图 3.6　**Bagging** 算法原理示意图

随机森林以决策树为基学习器，在决策树训练期间加入了随机属性选择，原理如图 3.7 所示。传统决策树在选择划分属性时，是在当前节点的所有属性中选择一个最优属性；而随机森林算法则是随机选择一个包含 k 个属性的子集，然后从中选择最优的属性来划分。随机森林原理简单，易于实现，计算开销较小，擅长进行特征选择。

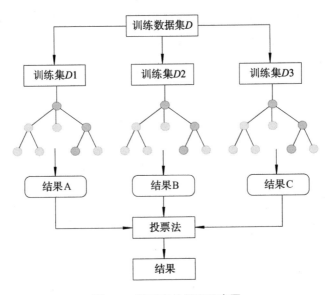

图 3.7　随机森林原理示意图

3.2.4　深度森林

深度森林的灵感来自深度神经网络和集成学习。神经网络拥有强大的学习表征能力，体现在其逐层处理和足够的模型复杂度。集成学习能构建多个学习器来训练模型，通常能够获得比单个学习器更好的泛化性能。集成学习并不一定需要性能卓越的学习器，但学习器性能不能太差且各个学习器之间要有足够的差异性。基于此，周志华教授首次提出深度森林（DF）模型。DF 由多粒度扫描和级联森林组成。相比神经网络，DF 拥有更少的超参数。下面将详细介绍多粒度扫描和级联森林这两个部分的原理。

（1）多粒度扫描

多粒度扫描如图 3.8 所示，可分为基于一维序列数据和二维图像数据。多粒度扫描是在原始特征的基础上用不同大小的滑动窗口对数据进行采样。当输入原始数据集为 L 维的序列数据时，采用 S 维的窗口进行多粒度扫描，滑动步长为 K，分割完的数据量为

$$C=(L-S)/K+1 \tag{3-12}$$

将 C 个 S 维的向量数据输入两种不同类型的随机森林中，得到 C 个 R 维类分布向量，R 的数量取决于森林 A，将这些向量拼接后就可以得到 $2 \times R \times C$ 维的向量。

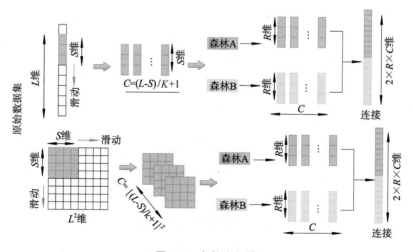

图 3.8　多粒度扫描

二维图像 MGS 处理与一维类型类似，对于 $L\times L$ 的数据输入，采用 $S\times S$ 滑动窗口对数据进行采样，滑动步长为 K，总数据量为

$$C=[(L-S)/K+1]^2 \tag{3-13}$$

将得到的二维特征数据输入两个随机森林中，拼接后得到 $2\times R\times C$ 维的向量。多粒度扫描可以扩展样本，充分提取原始数据集中的特征，增强级联森林，但同时子样本的剧增也会增加内存的负担，目前多粒度扫描无法应用于超高维度和样本量太大的数据。

（2）级联森林

随机森林是一种集成学习方法，而级联森林是在随机森林的基础上做集成学习，将不同的基学习器逐层连接，因而是一种集成的集成。常用的基学习器为随机森林、完全随机森林、XGBoost、LightGBM 等。如图 3.9 所示，除了第 1 层外，其余层都采用输入特征与上级预测特征相结合的方式。完全随机森林随机选择一个属性在节点上进行分割，直到每个节点只包含相同的类。随机森林选取一个属性作为候选（d 为输入属性数），通过计算基尼指数，将最小值属性作为最优划分。

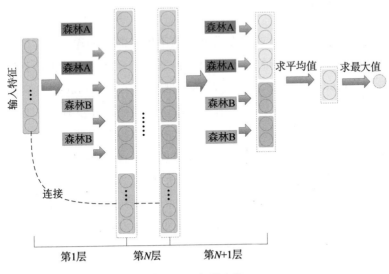

图 3.9　级联森林

如图 3.10 所示，输入特征后，森林会采用自助采样法训练决策树，每棵决策树都会产生类估计值，最后取平均值作为下一层的输入。为了防止

过拟合，每个森林产生的类估计值都会使用 K 折交叉验证（K-fold cross-validation），在验证集上测试，当性能没有显著提升时，模型将停止生成下一层。因此，模型的层数是自动的。

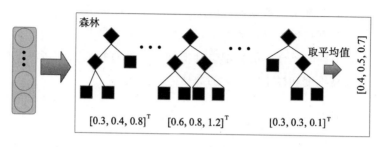

图 3.10　类估计量

3.3　卷积级联森林滚动轴承故障诊断模型

3.3.1　数据预处理

（1）数据增强

增强模型泛化能力最好的方式就是使用更多的训练样本，在原有的数据集上获得更多有效的子样本。在图像识别领域，常用的数据增强算法为随机裁剪（random crop）、翻转（flip）、移位（translation）、旋转（rotation）、缩放（scale）。然而，在轴承故障诊断领域，并没有关于数据增强的技术。当机械正常运转时，振动信号具有平稳性和周期性；当轴承出现故障时，振动信号具有一定的周期性和突发性。根据这一特点，本书引入了一种将数据重叠采样与随机采样相结合的数据增强算法。

数据重叠采样的数据增强算法如图 3.11 所示。设数据总长度为 N，截断长度为 J，训练样本长度为 K，即可得到样本数量 S。

采用原始处理得到的 S 值为

$$S = \mathrm{Floor}\left(\frac{N}{K}\right) \tag{3-14}$$

式中：$\mathrm{Floor}(\ )$ 为向下取整函数。

采用数据重叠采样得到的 S 值为

$$S = \frac{N-K}{J} + 1 \qquad (3-15)$$

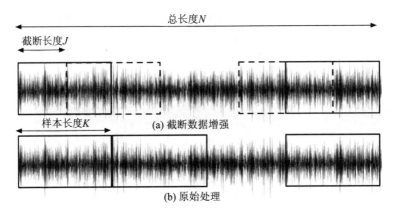

图 3.11　重叠采样对比

　　随机采样，即在总长度为 N 的振动序列中，随机截取样本容量为 R、训练样本长度为 K 的连续数据。重叠采样存在两个问题：当 J 远大于 K 时，训练样本之间的间隔变大，会存在数据部分无法收集到的问题；当 J 的值很小时，会存在只截取前端数据的问题。而随机采样可以弥补重叠采样的缺陷：设计随机采样样本容量占总样本容量的 25％，即可避免随机采样与重叠采样重叠的情况，故提出了一种将重叠采样与随机采样相结合的数据增强算法，其总样本容量为重叠采样与随机采样样本容量之和。

　　一维样本长度为 K，二维灰度图长宽相同为 M，K 的长度会直接决定模型的时间复杂度和准确率。对于准确率而言，K 值越大对准确率提升越大，但 K 值太大会加大模型的训练难度，所以 K 值的选择对模型至关重要。K 值与采样频率相关，频率越高，数据长度相对越长。对于采样频率较低的公开数据集，K 值建议为 1024，2048，4096。振动信号的每个采样点的幅值会被归一化为对应图像中的像素值。对于常规振动信号数据，当已知需要确定的样本容量为 S、样本总长度为 N、子样本长度为 K 时，可通过式（3-15）计算 J 值。

（2）信号维度转换

　　当轴承出现故障时，信号将具有突发性，会随着故障的加深而出现剧烈的抖动。故障初期，周期内出现抖动的占比和振幅较小；故障后期，周期内抖动的占比和振幅会加大。如图 3.12 所示，BF 为内圈故障类型，7，14，21 分别为轴承损伤大小，1024 为数据长度。信号整体趋势相同，极值点振幅数据各异，不同故障之间的振动信号也具有一定的差异性，为通过将振幅信号转成二维灰度图提取故障提供了可行性。

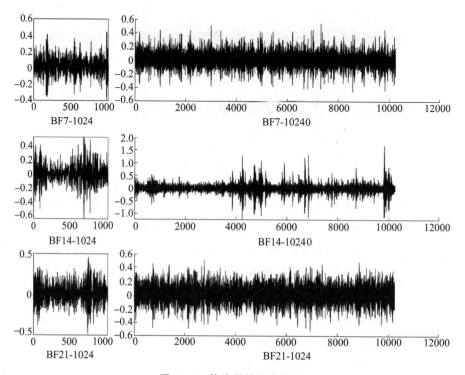

图 3.12　故障原始振动信号

基于振动信号的故障诊断技术主要集中在振动信号的频率和幅度上，即处理一维信号。本书将一维时域信号转换成二维灰度图，用于提取信号的特征。信号转图片的步骤如图 3.13 所示，根据已得到的训练样本，可将原始信号归一化。数值范围在图片像素的边界值内，图片的像素值范围为 0～255，即灰度图像素的范围。单一像素值归一化公式为

$$N(i) = \frac{L(i) - \mathrm{MIN}(L)}{\mathrm{MAX}(L) - \mathrm{MIN}(L)} \times 255 \tag{3-16}$$

式中：$N(i)$ 为第 i 个像素值大小；$\mathrm{MIN}(L)$ 为取最小值函数；$\mathrm{MAX}(L)$ 为取最大值函数。

像素值的公式为

$$P(j,k)=N(j\times M+k) \qquad (3\text{-}17)$$

式中：j，$k\in[1,M]$；$P(\ )$ 代表图片上的像素值大小。

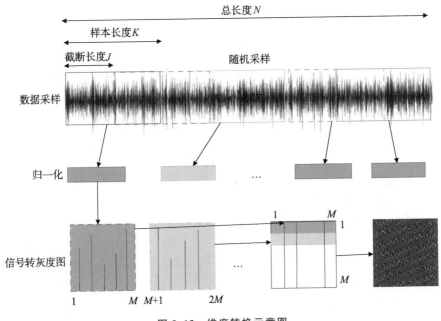

图 3.13　维度转换示意图

3.3.2　卷积级联森林模型

基于 CNN 与 DF 相结合的模型受到了大量学者的关注。Boualleg 等使用 CNN-DF 来识别遥感信息。Zhang 等将 CNN 和 DF 融合，对端到端的网络入侵做检测。Liu 等将 DeepCNN 与（深层卷积深经网络）DF 相结合，对人脸表情做识别检测，提高了情绪识别的准确性。以上相关成果证明了 CNN 与 DF 结合的可行性。本章基于卷积神经网络强大的表征学习能力和级联森林强大的分类能力，提出了一种基于多宽卷积核 CNN 和级联森林的卷积级联森林模型（CDF）。

本章中的二维 CNN 结构结合了 Lenet5 和 WDCNN 的思想，第一层卷积层使用二维宽卷积核，是二维卷积神经网络模型。图 3.14 为 CNN 模型的结构和参数，由多宽卷积核卷积层、池化层、全连接层和 Softmax 输出层组成，命名为 MWCNN（multi width convolutional neural network）。

训练周期为 20 次，优化器为 Adam，分类器为 Softmax。为防止模型过拟合，设置 dropout 为 0.5。卷积核的大小选择对模型从灰度图中提取特征的影响是巨大的，第一层卷积层，卷积核大小为 15×15 和 10×10，卷积核数量为 32，卷积层采用补零的方法来保持维度不变，具体关于 MWCNN 网络的细节详见表 3.1。

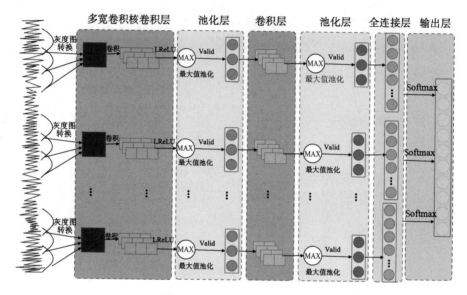

图 3.14　MWCNN 网络结构

表 3.1　MWCNN 网络结构参数

编号	网络层	卷积核大小	卷积核数量	零补
1	多宽卷积核卷积层＋BN	15×15 10×10	32	是
2	最大值池化层	2×2	32	否
3	卷积层＋BN	5×5	32	是
4	最大值池化层	2×2	64	否
5	全连接层	—	1024	—
6	Softmax 层	—	—	—

大部分基于 CNN 的故障诊断模型都采用 Softmax 层来做分类。通过 Softmax 函数可以将多分类的输出值限定在 [0,1] 范围内，且概率和为 1。CNN 中通过用反向传播求梯度进行参数的更新。指数函数在求导时较

为方便，但存在如下缺陷：当 Z_i 值非常大时，数值会溢出。深度森林具有强大的预测分类和回归能力，但其多粒度扫描相较于卷积神经网络，时间复杂度更高，故将 MWCNN 中的 Softmax 去除，使用级联森林做分类。级联森林模型每层由 2 个随机森林和 2 个完全随机森林组成，每个森林中都有 300 棵决策树。CDF 模型的总架构如图 3.15 所示。

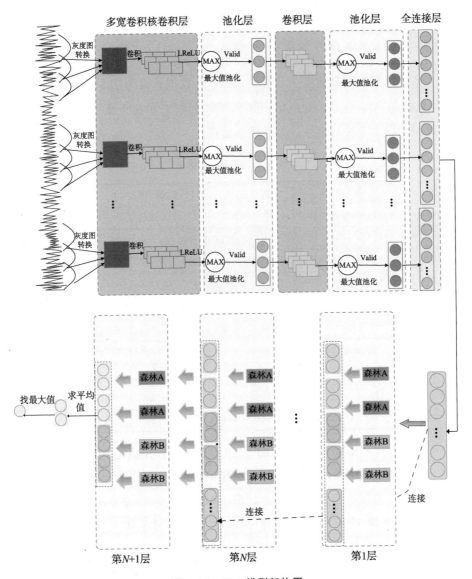

图 3.15　CDF 模型架构图

3.4 基于 CWRU 数据集的实验验证

3.4.1 实验描述

（1）实验数据描述

实验数据集划分如表 3.2 所示，子样本数据长度为 1024，实验设置了 4 类数据集 A_i，B_i，C_i，D_i，$i \in [1,4]$，分别工作在负载 0，1，2，3 hp 下，采用以下方法对信号进行数据预处理。

表 3.2 实验数据描述

类型	类别	数据集 A_i	数据集 B_i	数据集 C_i	数据集 D_i
BF7	1	120/300/900/1500	120/300/900/1500	120/300/900/1500	120/300/900/1500
BF14	2	120/300/900/1500	120/300/900/1500	120/300/900/1500	120/300/900/1500
BF21	3	120/300/900/1500	120/300/900/1500	120/300/900/1500	120/300/900/1500
OR7	4	120/300/900/1500	120/300/900/1500	120/300/900/1500	120/300/900/1500
OR14	5	120/300/900/1500	120/300/900/1500	120/300/900/1500	120/300/900/1500
OR21	6	120/300/900/1500	120/300/900/1500	120/300/900/1500	120/300/900/1500
IR7	7	120/300/900/1500	120/300/900/1500	120/300/900/1500	120/300/900/1500
IR14	8	120/300/900/1500	120/300/900/1500	120/300/900/1500	120/300/900/1500
IR21	9	120/300/900/1500	120/300/900/1500	120/300/900/1500	120/300/900/1500
NO	0	120/300/900/1500	120/300/900/1500	120/300/900/1500	120/300/900/1500

信号采样频率为 12 kHz。图 3.16 和图 3.17 分别是在负载 0 hp 下，前 1024 个信号数据的原始振动信号波形图和可视化灰度图。每类数据集都取 4 种不同的样本容量：在每个故障下取 120，300，900，1500 个样本。A_1 表示在负载 0 hp 下，9 类故障分别取 120 个子样本和一类正常样本的数据集，样本容量为 1200。B_2 表示在负载 1 hp 下，9 类故障分别取 300 个子样本和一类正常样本的数据集，样本容量为 3000。训练样本和测试样本的比例为 3∶1。

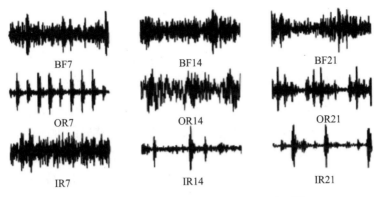

图 3.16　CWRU 数据集原始振动信号波形图

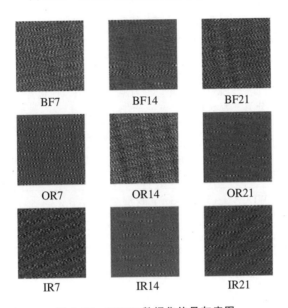

图 3.17　CWRU 数据集信号灰度图

实验将分别考虑数据样本数量、卷积网络维度和噪声环境对模型的影响。为了验证模型的鲁棒性和避免实验的偶然性，实验均运行 10 次取平均值。

（2）实验软硬件平台

计算机硬件配置：核心频率为 2 GHz，CPU 为四核 Intel Core i5，内存为 16 G。

计算机软件配置：Mac OS 操作系统，Python 3.8，TensorFlow 2.7.0。

3.4.2 不同工况对模型的影响

本实验将会探索工况和样本容量对模型的影响，由于本模型是混合模型，因此也会比较相同参数的 CNN 和 DF 模型。比较模型为 DF、Lenet5、Lenet5DF、本书所提出的 MWCNN 及 CDF，所有模型的维度均为二维，模型相关参数设置见表 3.3，实验数据集描述参照表 3.2，实验数据的预处理参照 3.3.1 节，采用归一化数据增强转二维灰度图的数据预处理方法，实验结果如图 3.18 所示。

表 3.3　比较的模型参数细节

模型	关键参数值	维度
Lenet5_1d	两个卷积层池化层，一层全连接层，卷积核大小为 32@[5,5]，最大值池化，学习率为 0.001，优化器为 Adam，分类器为 Softmax	1
Lenet5DF_1d	Lenet5 去除 Softmax 层与级联森林融合	1
WDCNN_1d	第一层为大卷积核 16@[26,26]，其余各层卷积核大小均为 [3,3]	1
WDCNNDF_1d	WDCNN_1d 去除 Softmax 层与 DF 结合	1
MWCNN_1d	本书提出的神经网络模型，卷积层和池化层均为一维	1
MWCNNDF_1d	本文提出的卷积级联森林模型，卷积层和池化层均为一维	1
DF	多粒度扫描采用默认值，两个随机森林和完全随机森林，树的个数为 300，Gini 系	2
WDCNN_2d	第一层为大卷积核 16@[26,26]，其余各层卷积核大小均为 [3,3]	2
WDCNNDF_2d	WDCNN_2d 去除 Softmax 层与 DF 结合	2
Lenet5_2d	两个卷积层池化层，一层全连接层，卷积核大小为 32@[5,5]，最大值池化，学习率为 0.001，优化器为 Adam，分类器为 Softmax	2
Lenet5DF_2d	Lenet5_2d 去除 Softmax 层与级联森林融合	2
MWCNN_2d	本书提出的神经网络模型	2
CDF_2d	本书提出的卷积级联森林模型	2

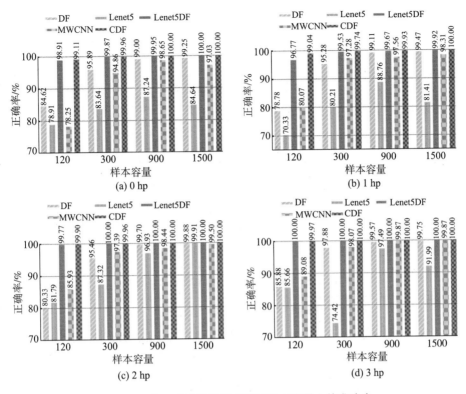

图 3.18　多工况下各模型在不同样本容量上的准确率

通过分析图 3.18 中各个工况下模型的准确率可以看出：

① 当单类样本容量为 120 时，CDF 在 4 种工况下准确率均高于 99%，明显高于常规 CNN 和 DF 模型。CDF 与 CNN 相比，增加了级联森林结构，能够对特征进行细粒度分类，获得更好的性能，因此 CDF 比 CNN 准确率高。样本容量为 120 的所有工况下，CDF 准确率指标均比 DF 高 14%以上，比 MWCNN 高 8%以上。CDF 与 DF 相比，使用 CNN 替换了 MGS，基于 CNN 强大的特征提取能力，CDF 能够获得更高的准确率，因此 CDF 的性能要优于 DF。CDF 与 MWCNN 相比，使用级联森林代替 Softmax 分类器，能够获得更好的分类性能。CDF 的平均准确率虽高于 Letnet5DF，但在样本容量较高时没有体现出显著的优势。

② 在 4 种工况条件下，CDF 性能均为最优，能够取得最高的准确率，在样本容量超过 1500 时，CDF 在 4 种工况下均取得了 100%的准确率，说明 CDF 具有较强的泛化性。

3.4.3　维度转换对模型的影响

在本次实验中，将讨论维度转换对模型的影响。一维网络模型采用原始振动信号作为输入，二维网络模型采用的是 3.3.1 节中提出的预处理方法。实验数据集选用 A_2、B_2、C_2 和 D_2，即样本容量均为 3000，负载为 0，1，2，3 hp。本次实验共做 6 组对照，分别为 Lenet5、Lenet5DF、WDC-NN、WDCNNDF、MWCNN 和 CDF 的一、二维模型。对比模型除了维度不同外，其余各参数均相同，模型的细节详见表 3.2。仅在分析维度转换对模型的影响章节，模型后才会添加"_1d""_2d"等后缀，其余章节模型均为二维，不添加后缀。

表 3.4　基于不同工况下模型的准确率和运行时间

模型	维度	数据集 A_2/%	数据集 B_2/%	数据集 C_2/%	数据集 D_2/%	平均值/%	运行时间/s
DF	2	93.49	95.96	94.13	93.16	94.19	980.10
Lenet5_1d	1	13.65	9.80	13.34	18.72	13.88	58.55
Lenet5_2d	2	83.64	80.21	87.32	74.42	81.40	44.39
Lenet5DF_1d	1	99.80	98.83	99.98	100.00	99.65	152.66
Lenet5DF_2d	2	99.87	99.57	100.00	100.00	99.86	83.86
WDCNN_1d	1	70.39	51.25	56.76	52.64	57.96	36.40
WDCNN_2d	2	86.18	84.91	90.66	94.82	89.14	163.57
WDCNNDF_1d	1	99.58	99.08	99.85	99.91	99.61	39.76
WDCNNDF_2d	2	99.59	99.91	100.00	100.00	99.88	230.20
MWCNN_1d	1	81.57	73.42	80.03	70.31	76.33	119.28
MWCNN_2d	2	94.86	97.26	97.39	98.07	96.90	181.43
CDF_1d	1	99.96	99.93	99.70	100.00	99.90	242.82
CDF_2d	2	100.00	99.74	99.96	100.00	99.93	217.04

通过分析表 3.4 可以看出：

① 维度对模型的影响。在 4 种工况下，基于一维时序振动信号的模型准确率的平均值大多低于基于二维灰度图的模型准确率的平均值。Lenet5_

1d 的准确率均值仅为 13.88%，而基于二维灰度图的 Lenet5_2d 的准确率均值为 81.40%，准确率提升了 67.52%，运行时间减少了 24.18%。本书提出的 MWCNN_1d 的准确率均值为 76.33%，MWCNN_2d 的准确率均值为 96.90%，准确率提升了 20.57%，但其代价是运行时间增加，运行时间为 181.43 s。而 CDF_1d 和 CDF_2d 相较于上述模型，维度对模型的影响较小，这充分说明 CDF 模型有较强的适应性，能够从一维振动信号和二维灰度图中提取出特征，并做出正确的分类，体现了模型的鲁棒性。

② CDF 与 MWCNN 和 DF 的对比。准确率对比：在 A_2 数据集上，CDF_2d 的准确率为 100%，而 MWCNN_2d 的准确率为 94.86%，DF 的准确率为 93.49%。因此，CDF_2d 在准确率方面表现出了明显优势。运行时间对比：CDF_2d 的运行时间为 217.04 s，而 MWCNN_2d 为 181.43 s，DF 为 980.10 s。可以观察到，相对于 MWCNN_2d，CDF_2d 稍微消耗了更多的时间，但相对于 DF，CDF_2d 的运行时间更短，显示出了优于 DF 的效率。综上所述，CDF 的优势在于能够在牺牲一定范围内的时间的情况下获得更高的准确率。尤其在航空航天和重型机械等领域，这个功能尤为重要。在这些应用中，准确率比时间更为重要，准确率的微小提升可以节约大量的维护成本。

如图 3.19 所示，为了更好地理解 CDF，本书引入了 t-SNE（t 分布式随机邻域嵌入）算法和混淆矩阵对模型输出层故障分类做可视化分析。首先，将模型的输出结果经 t-SNE 降至二维，输出到坐标轴中，通过查看各个故障分类的重叠，可以清楚地看出模型的预测性能。其次，通过混淆矩阵可以清楚地分析模型出错的细节，混淆矩阵的纵轴代表故障分类的真实标签，横轴代表模型预测的标签，对角线上的值为故障分类的准确率，每行除对角线上的其他值则代表分类出错的概率。如图 3.20 和图 3.23 所示，CDF 在负载为 0 hp 和 3 hp 时均达到 100% 的准确率。如图 3.21 和图 3.22 所示，CDF 在负载为 1 hp 和 2 hp 时，将真实故障为 BF21 预测成 BF7。

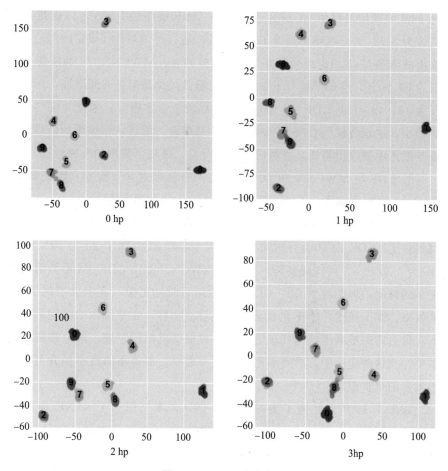

图 3.19　t-SNE 可视化图

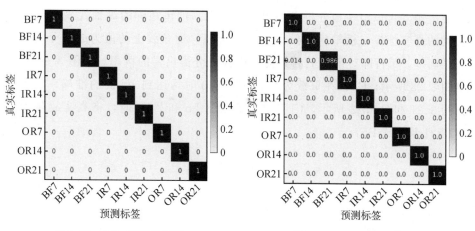

图 3.20　0 hp 下混淆矩阵　　　　　图 3.21　1 hp 下混淆矩阵

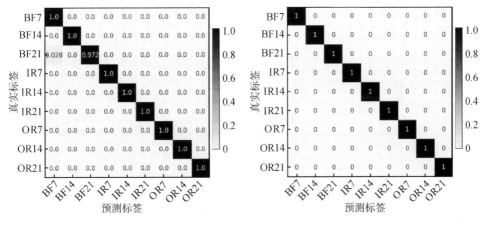

图 3.22　2 hp 下混淆矩阵　　　　　图 3.23　3 hp 下混淆矩阵

3.4.4　噪声环境对模型的影响

在本次实验中，将分析 CDF 算法的抗噪能力。在实际工况中，机械运作环境极为复杂，传感器无法避免会收集到噪声。如何从含有大量噪声的振动信号中做出精准的轴承故障诊断变得极为重要。

对样本数据添加噪声，模拟实际工况下的信号，本次添加的噪声为高斯白噪声。实验数据集选用 B_1、B_2、B_3 和 B_4，即负载为 1 hp，样本总容量为 1200，3000，9000，15000。信噪比（signal to noise ratio，SNR）为信号功率与噪声功率的比值，用分贝表示，计算公式为

$$SNR = 10 \times \lg \left(\frac{P_{signal}}{P_{noise}} \right) \tag{3-18}$$

式中：P_{signal} 为信号；P_{noise} 为噪声能量区域。

测试 SNR 值从 -4 dB 增至 10 dB。结果表明，信噪比的值越小，噪声的干扰越强，即 -4 dB 信号将充斥着噪声。

表 3.5 给出了各种模型在不同数据集和不同噪声场景下的准确率，比较模型的维度均为二维，其中 SVM 使用径向基核函数，其余模型的具体细节参照表 3.2。

在数据集 B_1 中，当 SNR 为 -4 dB 时，MWCNN 的准确率为 28.79%，而 CDF 依旧能够取得 41.38% 的准确率，准确率提升了 12.59%。当 SNR 值为 4 时，除了 SVM 其他模型的准确率均超过 70%，

MWCNN 的准确率为 76.05%，CDF 的准确率为 95.17%，准确率提升了 19.12%。当 SNR 为 10 时，噪声较小，MWCNN 的准确率为 79.63%，CDF 的准确率为 98.86%，准确率提升了 19.23%。随着样本容量的提升，CDF 的优势也在逐渐减小。

表 3.5 噪声下的性能

模型	SNR/dB									数据集
	−4	−2	0	2	4	6	8	10	None	
SVM	18.38	29.75	33.45	37.42	45.89	47.86	48.32	50.51	52.14	B_1
WDCNN	35.93	55.68	66.54	75.52	78.32	79.65	80.11	81.33	81.45	
WDCNNDF	30.69	49.01	68.88	83.42	90.61	93.09	93.84	94.03	94.28	
MWCNN	28.79	41.95	59.18	71.93	76.05	78.11	79.32	79.63	80.07	
CDF	41.38	59.32	75.84	89.42	95.17	97.32	98.54	98.86	99.04	
SVM	22.51	32.51	36.22	39.85	43.12	48.32	52.31	54.32	55.21	B_2
WDCNN	38.42	58.39	76.29	81.35	82.78	83.15	83.90	84.42	84.91	
WDCNNDF	41.39	69.42	93.10	97.92	99.61	99.72	99.76	99.80	99.90	
MWCNN	39.78	67.10	82.16	92.00	95.86	96.31	96.87	97.18	97.28	
CDF	43.92	73.26	86.49	95.39	98.36	99.20	99.62	99.78	99.74	
SVM	25.87	36.22	40.49	48.27	53.65	58.63	60.85	61.75	62.17	B_3
WDCNN	39.47	65.12	80.00	87.67	89.59	89.73	90.00	90.02	90.17	
WDCNNDF	40.86	70.62	94.87	96.98	99.37	99.76	99.81	99.89	99.92	
MWCNN	36.19	68.07	83.12	90.73	96.89	97.14	97.42	97.51	97.56	
CDF	44.17	76.54	86.91	97.85	99.08	99.65	99.86	99.91	99.93	
SVM	31.28	40.57	53.58	62.17	65.87	67.21	69.65	70.65	70.87	B_4
WDCNN	42.65	66.12	85.87	96.62	98.37	98.66	98.75	98.86	98.85	
WDCNNDF	41.23	72.14	88.14	96.87	99.21	99.38	99.37	99.47	99.63	
MWCNN	37.18	70.32	82.14	91.26	96.92	97.18	97.63	98.05	98.31	
CDF	45.24	76.83	87.52	95.30	99.46	99.82	99.93	99.95	100.00	

为了能够直观地看出样本容量对各个模型的影响，突出 CDF 的抗噪声性，图 3.24 绘制了 B_1、B_2、B_3 和 B_4 时不同噪声下各个模型准确率的折线图。随着样本容量的扩充，模型的准确率均在上升，CDF 的准确率均为最

高。随着噪声的减少，模型的准确率都在上升，当 SNR 为 10 时，对模型的影响较小。综上所述，CDF 具有较强的抗噪性，优于相同参数下的 MWCNN 和 DF。

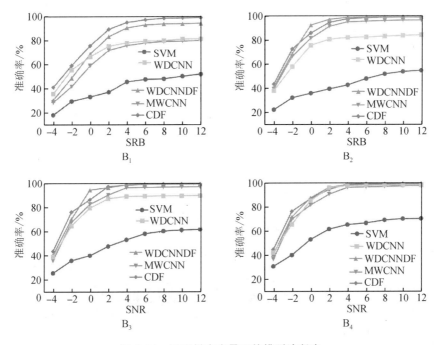

图 3.24 不同样本容量下的模型诊断率

3.5 基于 JNU 数据集的实验验证

3.5.1 实验描述

实验数据集划分如表 3.6 所示，子样本数据长度为 1024，采用第 3.4.1 节中的方法对信号进行数据预处理，采样频率为 50 kHz。图 3.25 和图 3.26 分别是转速为 1000 r/min 条件下，前 1024 个信号数据的原始振动信号波形图和可视化灰度图。实验数据集选用 A、B、C，转速分别为 600，800，1000 r/min，每类数据集各取 375 个样本。数据集 A 表示转速为 600 r/min 下，三类故障分别取 375 个子样本和一类正常样本的数据集，总样本容量为 1500。训练样本和测试样本的比例为 3∶1。实验数据集细节见表 3.2。为了避免突发性等因素，实验均运行 10 次取平均值。本次实验的计算机硬件平台与 3.4 节中的一致。

表 3.6　JNU 数据集描述

类别	类型	数据集 A	数据集 B	数据集 C
1	IR	375	375	375
2	OR	375	375	375
3	BF	375	375	375
0	NO	375	375	375

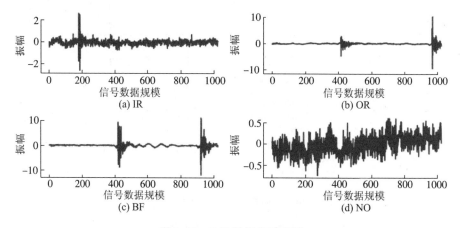

图 3.25　JNU 数据集波形图

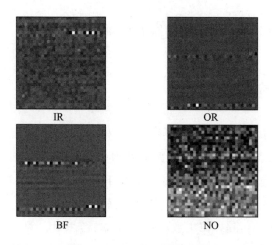

图 3.26　JNU 数据集灰度图

3.5.2 不同工况对模型的影响

本实验将探索工况对模型的影响。由于本模型是混合模型，因此也会比较相同参数的 CNN 和 DF 模型。比较模型为 DF、MWCNN、GAPCNN、ECACNN 和 CDF，所有模型的维度均为二维，GAPCNN 和 ECACNN 模型细节参考文献 [14]，实验数据集描述参照 3.5.1 节，实验数据集使用 A、B、C，即转速为 600 r/min，三类故障分别取 375 个子样本和一类正常样本的数据集，总样本容量为 1500。实验数据的预处理采用归一化数据增强转二维灰度图的数据预处理方法，实验准确率结果如图 3.27 所示。实验耗时如表 3.7 所示。

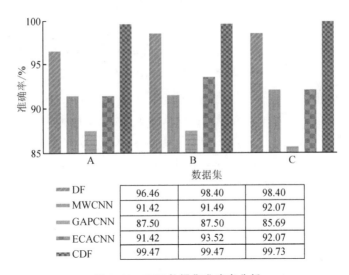

DF	96.46	98.40	98.40
MWCNN	91.42	91.49	92.07
GAPCNN	87.50	87.50	85.69
ECACNN	91.42	93.52	92.07
CDF	99.47	99.47	99.73

图 3.27　JNU 数据集准确率分析

表 3.7　各模型消耗时间表   s

模型	A 数据集	B 数据集	C 数据集
DF	797	874	997
MWCNN	51	64.7	66
GAPCNN	59	62	68
ECACNN	68	72	78
CDF	64	70	76

通过分析图 3.27 中各个工况下模型的准确率可以看出：

① CDF 与 DF 和 MWCNN 对比。在数据集 A 中，DF 的准确率为 96.46%，MWCNN 的准确率为 91.42%，CDF 的准确率为 99.47%。可以看出 CDF 的准确率相较于 DF 提高了约 3%，证明使用 CNN 网络代替 MGS 能够取得更好的特征提取效果；相较于 MWCNN 提高了约 8%，证明使用级联森林代替 Softmax 分类器能够获得更好的分类结果。

② CDF 与其他模型对比。在数据集 B 中，GAPCNN 的准确率为 87.50%，ECACNN 的准确率为 93.52%，CDF 的准确率为 99.47%。可以看出，CDF 在准确率方面均优于其他两种模型，证明 CDF 能够在多种工况下对轴承故障进行诊断。在数据集 C 中，GAPCNN 的准确率为 85.69%，ECACNN 的准确率为 92.07%，CDF 的准确率为 99.73%。可以看出 CDF 的准确率均高于 GAPCNN 和 ECACNN。上述结果说明，CDF 在 3 种工况下均具有较高的准确率。

通过分析表 3.7 中各个工况下模型消耗的时间可以看出：

① CDF 与 DF 和 MWCNN 对比。在数据集 A 中，DF 消耗的时间为 797 s，CDF 消耗时间为 64 s。CDF 相较于 DF 少消耗了 733 s，证明 MGS 对模型时间复杂度影响是巨大的，也证明 CDF 能够降低 DF 的时间复杂度，提升效率。MWCNN 消耗的时间为 51 s，CDF 仅比 MWCNN 多消耗了 13 s，但提升了 8% 的准确率，证明 CDF 引入级联森林提高准确率是以牺牲部分运行时间为代价的。

② CDF 与其他模型对比。在数据集 B 中，CDF 消耗的时间为 70 s，GAPCNN 消耗的时间为 62 s，ECACNN 消耗的时间为 68 s。由此可以看出，CDF 消耗的时间比 ECACNN 的短，比 GAPCNN 的稍高，但是准确率比 ECACNN 和 GAPCNN 的都要高，证明 CDF 能够在多种工况下高效率地对轴承故障进行诊断。

3.5.3　维度转换对模型的影响

本次实验中从三个方面来分析维度转换对模型的影响。

（1）准确率和时间

一维网络模型将原始振动信号作为输入，二维网络模型采用的是

3.3.1 节中的预处理方法。实验数据集选用 A、B、C。本次实验共做 6 组对照，分别为 Lenet5、Lenet5DF、WDCNN、WDCNNDF、MWCNN 和 CDF 的一、二维模型。对比模型除了维度不同外，其余各参数均相同，模型的细节详见表 3.8。仅在分析维度转换对模型的影响的章节中，模型会添加 "_1d""_2d" 等后缀，其余章节的模型均为二维。

　　基于不同工况下模型的准确率和运行时间见表 3.8。

表 3.8　基于不同工况下模型的准确率和运行时间

模型	维度	数据集 A/%	数据集 B/%	数据集 C/%	平均值/%	运行时间/s
DF	2	94.46	98.40	98.40	97.09	997.43
Lenet5_1d	1	74.26	75.68	74.26	74.73	32.36
Lenet5_2d	2	78.69	78.12	79.86	78.89	29.03
Lenet5DF_1d	1	92.68	93.37	93.89	93.31	38.89
Lenet5DF_2d	2	94.75	95.24	96.30	95.43	42.12
WDCNN_1d	1	86.39	86.54	86.78	86.57	19.92
WDCNN_2d	2	88.57	88.61	89.04	88.74	36.24
WDCNNDF_1d	1	91.89	91.25	92.68	91.94	26.14
WDCNNDF_2d	2	91.58	91.89	92.68	92.05	45.75
MWCNN_1d	1	89.36	89.66	90.19	89.74	72.58
MWCNN_2d	2	91.42	91.49	92.07	91.66	48.59
CDF_1d	1	98.96	99.87	99.58	99.47	87.96
CDF_2d	2	99.47	99.47	99.73	99.77	64.07

通过分析表 3.8 可以看出：

　　① 维度对模型的影响。在 3 种工况下，基于一维时序振动信号的模型准确率的平均值均低于基于二维灰度图的模型准确率的平均值。本书提出的 MWCNN_1d 的准确率平均值为 89.74%，MWCNN_2d 准确率平均值为 91.66%，准确率提升了约 2%，运行时间减少了约 33%。而 CDF_1d 和 CDF_2d 相较于上述模型，维度对模型的影响较小，这充分说明 CDF 模型有较强的适应性，能够从一维振动信号和二维灰度图中提取出特征，并做出正确的分类，说明模型具有较强的泛化性能。

　　② CDF 与 MWCNN 和 DF 的对比。就准确率而言，在数据集 C 中，

CDF_2d 的准确率为 99.73％，MWCNN_2d 的准确率为 92.07％，DF 的准确率为 98.40％。可以看出，CDF 的准确率最高，优于 MWCNN_2d 和 DF。就消耗时间而言，CDF_2d 消耗的时间为 64.07 s，MWCNN_2d 消耗的时间为 48.59 s，DF 消耗的时间达到了 997.43 s，比 CDF 高了 933.36 s，证明 CDF 模型能够大大降低 DF 模型的时间复杂度。

（2）收敛性

为了进一步分析维度转换对模型的影响，本书通过三类卷积神经网络训练过程中训练集的损失和准确率曲线来评估模型的收敛性能，实验集为数据集 A。如图 3.28 所示，所有模型均能在 100 次迭代后获得很好的收敛。

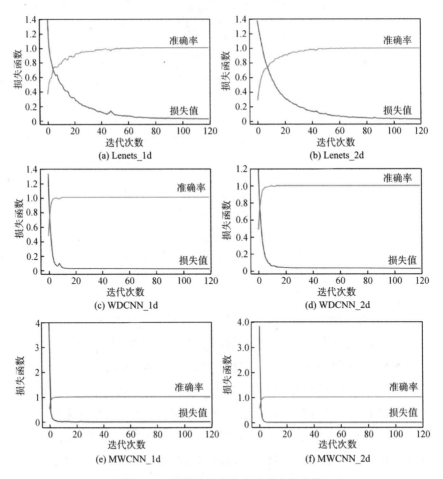

图 3.28　训练集损失和准确率变化曲线

从图 3.28 中可以看出：

① Lenet5_1d 与 Lenet5_2d 相比，Lenet5_2d 的损失函数曲线更加平滑。第 46 次迭代，Lenet5_1d 出现了较大的波动，然后损失继续降低，这表明维度转换能够降低损失，使模型训练更加稳定。经过 60 次迭代，Lenet5_1d 和 Lenet5_2d 的损失函数和准确率函数才趋于稳定。

② WDCNN_1d 与 WDCNN_2d 相比，损失和准确率函数曲线相差不多。第 9 次迭代，WDCNN_1d 损失函数出现了波动，WDCNN_2d 波动较小，表明维度转换在 WDCNN 模型上，同样能够降低损失，减少模型训练的抖动。经过 10 次迭代，WDCNN_1d 和 WDCNN_2d 的损失函数和准确率函数趋于稳定。

③ MWCNN_1d 与 MWCNN_2d 相比，损失和准确率函数曲线相差很小，说明卷积神经网络模型设计具有有效性。MWCNN_1d 和 MWCNN_2d 经过 2 次迭代，损失函数和准确率函数趋于稳定。

（3）特征可视化

采用 t-SNE 可视化 MWCNN_1d 和 MWCNN_2d 的全连接层，以及 CDF_1d 和 CDF_2d 的倒数第二层输出层，查看关键层学习到的特征分布，实验数据集为 A、B、C，结果如图 3.29 至图 3.31 所示，图中数字 0 表示 NO 类型数据，数字 1 表示 IF 类型数据，数字 2 表示 OR 类型数据，数字 3 表示 BF 类型数据，与表 3-6 中的描述一致。

通过对图 3.29 的分析，可以得出以下结果：在 MWCNN_1d 中，除了 NO 轮廓比较清晰外，其余三类轮廓都不够清晰，存在相互粘连的情况。相比之下，MWCNN_2d 的粘连现象减少，仅在 OR 和 BF 之间的分类中存在一定模糊性。而 CDF_1d 和 CDF_2d 则展现出各类故障分布均匀的特点，相比于 MWCNN，粘连现象明显减少。

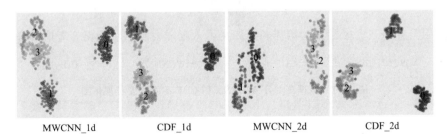

| MWCNN_1d | CDF_1d | MWCNN_2d | CDF_2d |

图 3.29　数据集 A 下 WDCNN 和 CDF 不同维度可视化图

通过对图 3.30 的分析，可以得出以下结果：尽管 MWCNN_1d 和 MWCNN_2d 能够对四类数据进行准确分类，但可以观察到这四类故障大多聚集在一起，轮廓边界不够清晰。相比之下，CDF_2d 展现出明显的轮廓边界，四类故障呈现分散趋势，而 CDF_1d 中的 OR 和 BF 分类边界不够清晰。这一观察结果证明了基于维度转换的方法的有效性。

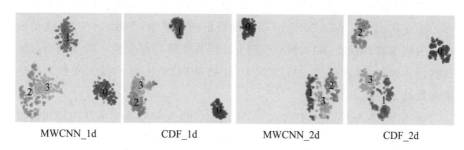

图 3.30　数据集 B 下 WDCNN 和 CDF 不同维度可视化图

通过对图 3.31 的分析，可以得出以下结果：在 MWCNN_1d 中，尽管四类数据已经各自具有一定的区域，但分类边界存在粘连现象，分类效果较差。而在 MWCNN_2d 中，四类数据的形状呈一条竖线，但分类轮廓清晰，能够有效区分各个故障类别。CDF_1d 与 MWCNN_1d 相比，四类数据的分类效果明显改善，只存在少量分类错误。而在 CDF_2d 中，所有类别均具有清晰的轮廓，只存在少量粘连问题，分类效果出色。这一观察结果表明，基于二维灰度图的 CDF 模型具有良好的分类性能，能够有效应对滚动轴承故障诊断任务。

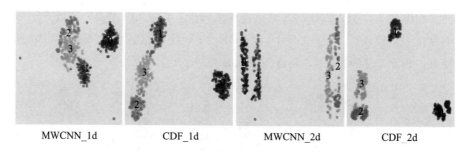

图 3.31　数据集 C 下 WDCNN 和 CDF 不同维度可视化图

3.6 本章小结

本节针对滚动轴承振动信号的非线性和常见模型需要大量专家知识等特点，提出了卷积级联森林模型。该模型能够避免使用 MGS 带来的巨大时间复杂度提升、特征学习能力较弱等缺点，使用 MWCNN 做表征能力提取，有效降低了深度森林的时间复杂度，提升了模型的分类性能。进行多组对比实验后，主要得到以下结论：

① CDF 针对不同负载表现出较高的准确性，高于具有相同参数的深度森林和卷积神经网络模型，以及常用的深度学习模型。就准确率而言，CDF 的表现优于 DF 和 MWCNN。而就时间消耗而言，CDF 的运行时间远短于 DF，略长于 MWCNN。这证明了 CDF 模型在一定程度上能够在牺牲少量时间的情况下获得更高的准确率。

② 针对数据预处理和卷积网络维度对模型的影响，本章将经典的算法迁移到故障诊断中做对比，基于一维振动信号转二维灰度图的二维网络模型的准确率均高于一维网络模型。

③ 即使在低信噪比条件下，CDF 模型也能取得较好的效果。

参考文献

[1] MASS A L，HANNUN A Y，NG A Y. Rectifier nonlinearities improve neural network acoustic models [C] //International Conference on Machine Learning，2013，30（1）：3.

[2] HE K M，ZHANG X Y，REN S Q，et al. Delving deep into rectifiers：Surpassing human-level performance on imagenet classification [C] //Proceedings of the IEEE international conference on computer vision，2015：1026-1034.

[3] LI Y，FAN C X，LI Y，et al. Improving deep neural network with multiple parametric exponential linear units [J]. Neurocomputing，2018，301：11-24.

［4］QUINLAN J R. Induction of decision trees ［J］. Machine learning，1986，1（1）：81-106.

［5］QUINLAN R. C4.5：programs for machine learning ［M］. Morgan kaufmann publishersin，2014.

［6］DENG H X，DIAO Y T，WU W，et al. Ahigh-speed D-CART online fault diagnosis algorithm for rotor systems ［J］. Applied Intelligence，2020，50（1）：29-41.

［7］BREIMAN L. Bagging predictors ［J］. Machine Learning，1996，24（2）：123-140.

［8］ZHANG M Y，ZHANG Z L. Small-Scale Data Classification Based on Deep Forest ［M］. Cham：Springer International Publishing，2019.

［9］BOUALLEG Y，FARAH M，FARAH I R. Remote sensing scene classification using convolutional features and deep forest classifier ［J］. IEEE Geoscience and Remote Sensing Letters，2019，16（12）：1944-1948.

［10］ZHANG X Q，CHEN J H，ZHOU Y，et al. A multiple-layer representation learning model for network-based attack detection ［J］. IEEE Access，2019，7：91992-92008.

［11］LIU X B，YIN X，WANG M，et al. Emotion recognition based on multi-composition deep forest and transferred convolutional neural network ［J］. Journal of Advanced Computational Intelligence and Intelligent Informatics，2019，23（5）：883-890.

［12］LECUN Y，BOTTOU L，BENGIO Y，et al. Gradient-based learning applied to document recognition ［J］. Proceedings of the IEEE，1998，86（11）：2278-2324.

［13］ZHANG W，PENG G L，LI C H，et al. A New Deep Learning Model for Fault Diagnosis with Good Anti-Noise and Domain Adaptation Ability on Raw Vibration Signals ［J］. Sensors（Basel，Swizerland），2017，17（2）：425.

［14］谢天雨，董绍江. 基于改进 CNN 的噪声以及变负载条件下滚动轴承故障诊断方法 ［J］. 噪声与振动控制，2021，41（2）：111-117.

4 基于双通道 CNN 与 SSA-SVM 的滚动轴承故障诊断方法

4.1 引言

滚动轴承作为最基本、最重要的机械部件,在日常生活和生产中得到了广泛的应用。滚动轴承由于需要长时间在复杂的环境下工作,非常容易发生故障。而滚动轴承一旦失效,可能会影响加工质量,缩短机械设备的使用寿命,严重的可能会导致突然停机,造成经济损失甚至危及操作人员的人身安全。因此,滚动轴承故障是制造过程中的首要问题,建立一种能够挖掘滚动轴承原始信号与故障模式之间复杂映射关系的算法对机械设备而言是十分重要的。只有及时发现并修复滚动轴承的故障,才能在一定程度上保证机械设备的正常运行以及工作人员的人身安全。目前大多基于CNN 的方法使用的卷积结构都比较单一,无法对故障特征进行有效提取,且诊断准确率较低,而传统的 Softmax 分类器本质上就是对特征提取结果做一次符合概率分布的归一化操作,与其他分类器相比,Softmax 分类器在处理分类问题上的性能相对较低。

基于以上问题,本章提出了基于双通道 CNN 与 SSA-SVM 的滚动轴承故障诊断方法。该方法通过一维和二维卷积神经网络来提取原始信号中不同尺度的特征信息,并将经 SSA 优化过的 SVM 作为分类器融入模型来对滚动轴承故障类型进行分类,主要优点如下:

① 双通道 CNN 在避免人工提取特征的同时结合了 1D-CNN(一维卷积神经网络)与 2D-CNN(二维卷积神经网络)的优点,将一维振动原始信号和经过处理后的二维灰度图片作为双通道 CNN 的输入,既可以提取

原始信号中的一维特征，还能从二维灰度图片中确定非相邻区间信号之间的局部相关性，使提取到的故障特征更加全面。

②由于 SVM 在多类分类方面具有良好的表现，因此本章采用 SSA 对 SVM 的参数进行优化，将优化后的 SSA-SVM 作为分类器来对故障模式进行分类，有助于模型诊断精度的提高。

4.2 理论介绍与分析

本章所提出的故障诊断方法主要采用了双通道 CNN 架构、支持向量机（SVM）、麻雀搜索算法（SSA）等。在理论分析方面，本章着重介绍和分析双通道 CNN、SVM 及 SSA 等关键技术。

4.2.1 双通道 CNN

最初，双通道 CNN 被广泛应用于计算机视觉领域，该网络的目的是模拟人类对物体识别的视觉处理过程，并将其应用于深度学习领域中的视频和图像相关领域。为了更好地捕捉周边环境与空间的信息，双通道 CNN 将行为分类和识别过程分为两个独立的步骤，并确保视频中每帧图像数据的时序和空间信息相对应，从而使得该网络在对视频和图像相关数据信息进行分析时更加准确。

视频中的每一帧图像不仅包含环境和各种物体在空间层面的信息，而且包含光流信息和相应的时序信息。通常情况下，这两种不同的信息会被分别输入两个不同的卷积神经网络中进行训练。该模型能够将单帧彩色图像信息、光流信息及融合的光流信息一起输入双通道 CNN 中进行训练。通过将输入维度不同的卷积神经网络的输出结果进行融合，达到提高对视频图像中的行为或环境的分类进行识别的效果的目的。双通道 CNN 原理简要模型如图 4.1 所示。

在深度学习中，对原始数据识别和分类的准确度主要是由所采用的卷积神经网络结构决定的。众多学者将深度学习应用到各自领域中进行各项工作的处理，因此发展出适用于不同场合的卷积神经网络。在相同的应用场景下，研究人员通过加深卷积神经网络的深度可以获得较好的识别分类效果，但这同时也需要更大的运算量。

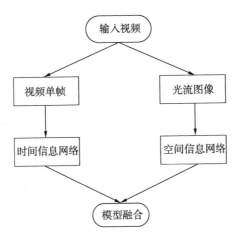

图 4.1　双通道 CNN 原理简要模型

4.2.2　支持向量机

支持向量机（SVM）是一种基于统计学习理论的机器学习算法，具有样本数量较少、训练时间较短以及对小型聚类分类效果良好等优点。其核心概念是通过核函数将输入空间中的数据映射到高维空间中，以使用线性分类方法对数据进行分类；接着在高维空间中构建一个最优超平面对数据进行分类，最大化各类之间的距离，以提高分类的泛化能力和置信度。最优分类超平面如图 4.2 所示。

对于二分类问题，假设训练样本集 $T = \{(x_1, y_1), (x_2, y_2), \cdots, (x_n, y_n)\}$。其中，输入特征向量 $x_i \in \mathbf{R}^n$，分类标签 $y_i \in \{-1, +1\}$，SVM 能根据训练样本 T 中各自的样本特征来确定一个最优分类超平面。其数学表达式如式（4-1）所示。

$$\boldsymbol{\omega}^{\mathrm{T}} \boldsymbol{x} + b = 0 \tag{4-1}$$

式中：$\boldsymbol{\omega}$ 为超平面法向量；b 为截距。$\boldsymbol{\omega}$ 决定了超平面的方向，b 决定了原点与超平面之间的距离，通过最大化不同类之间的距离，即可得到最优化分类超平面。

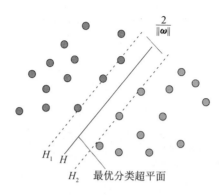

图 4.2 最优分类超平面

4.2.3 麻雀搜索算法

2020 年，薛建凯等受到麻雀觅食行为和反捕食行为的启发，提出了麻雀搜索算法（SSA）。SSA 是一种新型群智能优化算法，其不受目标函数可微分性、可导性和连续性的限制，具有强大的全局搜索能力、良好的稳定性以及快速的收敛速度，适用于解决故障诊断领域的优化问题。

在麻雀搜索算法中，鸟群中的每个麻雀都代表一个解，整个鸟群则代表解集。SSA 通过模拟麻雀的觅食行为来搜索最优解。其中，生产者麻雀主要负责寻找最佳位置，而加入者麻雀则利用生产者的结果进行修正和改进。在算法迭代过程中，每个麻雀根据当前位置进行搜索，并根据适应度函数计算其适应度值，从而确定其在下一次迭代中的位置。

麻雀在觅食过程中会表现出两种行为策略：一种是麻雀群体的领袖——发现者，发现者具有广泛的搜索范围和较高的适应度，负责引导群体中其他个体寻找食物和最佳觅食位置；另一种则是加入者，加入者通过监视发现者来提高自身的捕食率，并通过与其他捕食率较高的个体争夺食物来改善自身的营养状况。发现者的位置更新公式如式（4-2）所示。

$$X_{i,j}^{t+1}=\begin{cases}X_{i,j}^{t}\cdot\exp\left(\dfrac{-i}{\alpha\cdot M}\right), & R_2<ST\\[2mm]X_{i,j}^{t}+Q\cdot L, & R_2\geqslant ST\end{cases} \tag{4-2}$$

式中：t 为当前迭代次数；M 为最大迭代次数；$X_{i,j}^{t}$ 表示第 i 只麻雀在第 j 维的位置信息；α 表示（0,1）区间上的随机数；Q 表示一个具有正态分布的随机数；L 表示一个 $1 \times D$ 且元素都是 1 的矩阵；R_2 为预警者发出的预警值；ST 为预警安全值。当 $R_2 < ST$ 时，表示周围没有发现捕食者，发现者可以在广泛范围内进行搜索来获得更高的适应度。当 $R_2 \geqslant ST$ 时，表示群体中有个体发现或遭遇捕食者并发出了预警，种群应调整搜索策略，发现者引导加入者移动到一个安全的位置。加入者的位置更新公式如式（4-3）所示。

$$X_{i,j}^{t+1} = \begin{cases} Q \cdot \exp\left(\dfrac{X_{\text{worst}}^{t} - X_{i,j}^{t}}{i^{2}}\right), & i > \dfrac{n}{2} \\ X_P^{t+1} + \left| X_{i,j}^{t} - X_P^{t+1} \right| \cdot A^{+} \cdot L, & i \leqslant \dfrac{n}{2} \end{cases} \quad (4\text{-}3)$$

式中：X_P^{t+1} 表示发现者当前占据的最佳位置；X_{worst}^{t} 表示当前最差位置；A 表示元素仅为 1 或 -1 的 $1 \times D$ 矩阵，并且 $A^{+} = A^{\mathrm{T}}(AA^{\mathrm{T}})^{-1}$。当 $i > n/2$ 时，第 i 个加入者没有获得食物，需要飞到别处搜索食物；当 $i \leqslant n/2$ 时，第 i 个加入者将在当前最佳位置 X_P 附近搜索食物。

当加入者意识到危险时，麻雀种群会做出反捕食行为，预警者的位置更新公式如式（4-4）所示。

$$X_{i,j}^{t+1} = \begin{cases} X_{\text{best}}^{t} + \beta \cdot \left| X_{i,j}^{t} - X_{\text{best}}^{t} \right|, & f_i \neq f_g \\ X_{i,j}^{t} + K \cdot \left[\dfrac{\left| X_{i,j}^{t} - X_{\text{worst}}^{t} \right|}{(f_i - f_w) + \varepsilon} \right], & f_i = f_g \end{cases} \quad (4\text{-}4)$$

式中：X_{best}^{t} 表示当前全局最优位置；β 表示步长参数，服从均值为 0、方差为 1 的高斯分布；K 表示一个随机数，$K \in (0,1]$；f_i 表示第 i 个麻雀个体的适应度值；f_g 和 f_w 分别表示当前搜索范围内最优和最差的适应度值；ε 表示防止分母出现 0 的最小实数。当 $f_i \neq f_g$ 时，表示麻雀种群中处于种群边界的个体意识到危险，需要调整位置。当 $f_i = f_g$ 时，表示种群内部个体意识到危险。

4.3 基于双通道 CNN 与 SSA-SVM 的诊断模型

本章提出了一种基于双通道 CNN 与 SSA-SVM 的滚动轴承故障诊断方法，该方法能够利用深度学习网络强大的特征提取能力，并结合浅层学习网络对滚动轴承故障模式进行分类，利用 SSA 较强的全局搜索能力对

SVM 进行优化来保证模型的可靠性。该方法避免了传统卷积神经网络结构过于复杂的问题，达到了更为准确的诊断效果。

4.3.1 故障诊断模型构建

本章提出的基于双通道 CNN 与 SSA-SVM 的滚动轴承故障诊断模型结构如图 4.3 所示。该方法摆脱了对专家的先验知识的依赖，舍弃了烦琐的人工特征提取环节。双通道 CNN 的输入样本为经过归一化处理的振动信号数据。

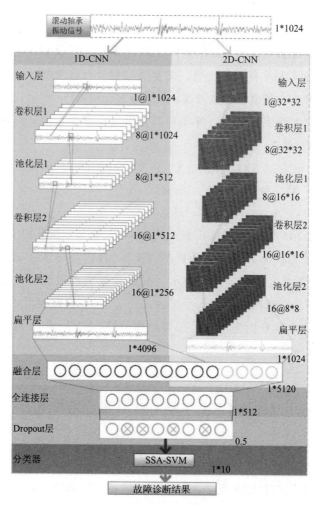

图 4.3 故障诊断模型结构

该故障诊断模型结构首先通过两个并行的卷积层和池化层，从归一化完成的数据信号中提取一维和二维信号特征；然后将从两个不同维度提取到的特征信息展开，在融合层中采用融合策略将两者融合，通过全连接层进行映射操作；最后采用 Dropout 策略，在 SSA-SVM 分类器中对滚动轴承故障模式进行识别和分类。

4.3.2 故障诊断方法的流程及其优化

（1）故障诊断方法的流程

本章提出的基于双通道 CNN 与 SSA-SVM 的滚动轴承故障诊断方法的具体流程如图 4.4 所示，主要阶段包括故障数据信号采集、数据预处理、数据样本划分、网络模型训练、样本特征提取、SSA-SVM 模型训练以及故障诊断和效果评估阶段。

① 在故障数据信号采集阶段，采用凯斯西储大学滚动轴承故障数据集作为实验数据对其进行采集。

② 在数据预处理阶段，对输入网络训练前的数据进行预处理，以方便双通道 CNN 处理。对数据进行预处理时，采用归一化操作对原始信号进行线性变换，将其映射到 [0,1] 区间，保证结果的可比性和可靠性，其转换公式如式（4-5）所示。

$$x_i^k = \frac{x_i^k - \min(x^k)}{\max(x^k) - \min(x^k)} \tag{4-5}$$

式中：x_i^k 表示第 k 个样本的第 i 个样本点；$\min(x^k)$ 表示第 k 个样本中样本数据的最小值；$\max(x^k)$ 表示第 k 个样本中样本数据的最大值。

本章将一维和二维信号同时作为双通道 CNN 的输入，利用其拥有表示不同尺度特征的功能来提高数据的可靠性。为了满足二维卷积通道输入的需求，需要将原始振动信号通过归一化处理从一维转换成二维；为此本章引用了一种转换方法：按照原始数据归一化后 [0,1] 区间的数值对应的明暗程度，对一维信号进行转换，生成二维灰度图。将 1024 个数据点以每 32 个数据点为一组来填充大小为 32×32 的灰度图中的一列，共计 32 列，最后将形成的灰度图作为 2D-CNN 的输入。具体转换过程如图 4.5 所示。

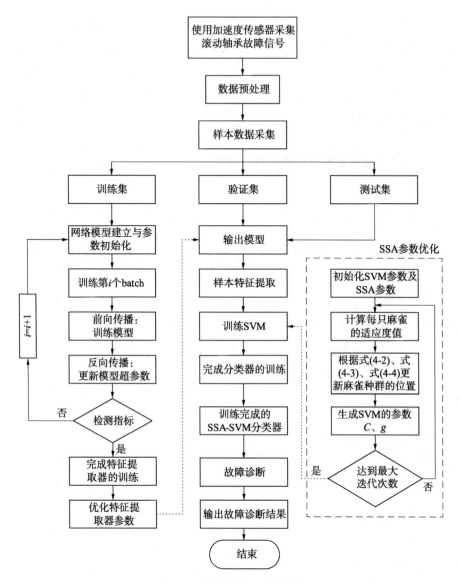

图 4.4 故障诊断方法流程图

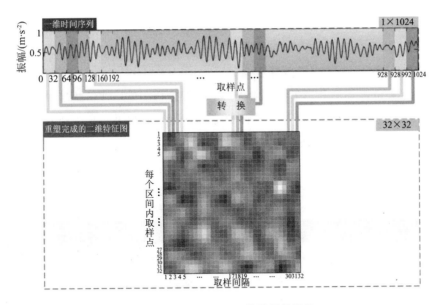

图 4.5　一维信号到二维信号的转换

　　这种转换方法的最大特点在于不需要设置任何参数与变量，能够最大限度地保持原始信号的特征，充分发挥卷积神经网络在图像识别方面的优势。

　　③ 在数据样本划分阶段，本章将数据集样本划分为三个类别，包括训练集、验证集和测试集。

　　④ 在网络模型训练阶段，搭建双通道 CNN 模型并完成相应超参数的初始化设置。将训练集作为网络模型的输入进行训练，对故障信号进行特征提取。利用损失函数来量化预测值和实际值之间的概率分布差，并根据损失函数更新网络各个节点参数。当损失函数取得最小值时，输出训练完成的网络模型并保存。本章使用的损失函数为交叉熵损失函数，其公式如式（4-6）所示。

$$L = \frac{1}{N} \sum_i L_i = \frac{1}{N} \sum_i \left[-\sum_{c=1}^{M} y_{ic} \log(p_{ic}) \right] \tag{4-6}$$

式中：N 表示所有样本数量；M 表示所有样本类别的数量；i 表示第 i 个样本；c 表示第 c 个类别；p_{ic} 表示第 i 个样本属于第 c 个类别的预测概率；y_{ic} 表示指标变量；对数的底为 2。

　　⑤ 在样本特征提取阶段，将训练集数据再次输入双通道 CNN 模型中，对样本数据进行特征提取。

⑥ 在 SSA-SVM 模型训练阶段，将训练集和验证集提取到的特征信息输入 SVM 分类器中进行训练。采用 SSA 算法对 SVM 中的参数 C 和 g 进行优化，建立 SSA-SVM 诊断模型。

⑦ 在故障诊断和结果评估阶段，对模型进行测试以评估其准确性和性能表现。将测试集输入模型中进行训练，对比测试结果与真实标签，根据测试结果评估和衡量该模型的有效性与可行性。

（2）*流程优化*

本章采用的 SSA-SVM 分类器中，惩罚参数 C 和核函数参数 g 对模型的分类性能影响显著，如果人工给出错误的参数组合，很容易导致模型分类结果不佳。SSA 算法拥有较强的全局搜索能力，能够对 SSA-SVM 的惩罚参数 C 和核函数参数 g 进行自适应寻优选择，利用优化后的最优参数组合 C 和 g 建立 SSA-SVM 模型并得到分类结果，使用 SSA 算法对 SVM 进行优化的原理如下。

设置 SSA 优化 SVM 参数 C 和 g 的搜索空间如式（4-7）所示。

$$\boldsymbol{X} = \begin{pmatrix} x_{1,1} & x_{1,2} \\ x_{2,1} & x_{2,2} \\ \vdots & \vdots \\ x_{n,1} & x_{n,2} \end{pmatrix} \tag{4-7}$$

式中：n 表示麻雀的数量，$(x_{1,1}, x_{2,1}, \cdots, x_{n,1})^{\mathrm{T}}$ 表示 SVM 的惩罚参数 C 的搜索空间；$(x_{1,2}, x_{2,2}, \cdots, x_{n,2})^{\mathrm{T}}$ 表示 SVM 核函数参数 g 的搜索空间。在二维空间内有 n 只麻雀，则第 i 只麻雀在搜索 SVM 参数空间的位置如式（4-8）所示。

$$\boldsymbol{X}_i = (x_{i,1}, x_{i,2}) \tag{4-8}$$

式中：$x_{i,j}$ 表示 SVM 参数搜索空间中第 i 只麻雀的第 j 个参数位置，$i=1$，$2，\cdots，n$，$j \leqslant 2$。SVM 的惩罚参数 C 和核函数参数 g 在麻雀种群中进行搜索，以发现者、加入者及预警者的角色进行随机更新。

本章定义麻雀种群中发现者的数量占麻雀种群总数的 70%，根据式（4-2）进行位置更新，加入者的数量占麻雀种群总数的 30%，根据式（4-3）进行位置更新，预警者的数量占麻雀种群总数的 20%，根据式（4-4）进行位置更新。

当采用 SSA 优化 SVM 参数时，需要确定一个适应度函数，并根据适应度函数的值搜寻 SVM 最优的参数组合。在得到最优的参数 C 和 g 后，建立 SSA-SVM 诊断模型进行最终的分类。具体流程如图 4.6 所示。

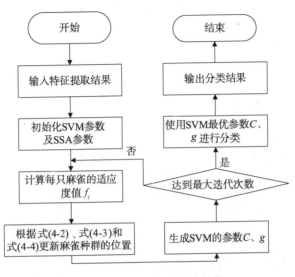

图 4.6　SSA 优化 SVM 流程图

构建 SSA-SVM 模型的具体步骤如下：

① 初始化麻雀种群数量、发现者与加入者的比例、麻雀种群中侦察预警麻雀的比例、最大迭代次数、维度以及上边界与下边界的取值范围。

② 定义适应函数，以测试集和训练集的错误率和为适应度值，计算每只麻雀的适应度值 f_i 后对其进行排序，挑选出当前最优适应度值。

③ 对每只麻雀所属的种群进行定义，适应度高的麻雀作为发现者，剩下的作为加入者，根据式（4-2）、式（4-3）更新麻雀种群的位置；负责侦察预警的麻雀根据式（4-4）更新位置。

④ 对麻雀种群更新后的位置重新进行适应度值计算，比较更新前后的适应度值，保留最优适应度值继续更新。

⑤ 判断 SSA 迭代次数是否达到最大收敛次数。若达到收敛条件，结束循环；若未达到，算法继续进行。

⑥ 输出最优适应度值，并使用当前适应度值对应的惩罚参数 C 和核函数参数 g 来构建 SSA-SVM 模型。

4.4 实验验证

4.4.1 实验数据描述

为了验证本章所提方法的有效性，采用 CWRU 数据集作为实验数据进行实验，轴承故障诊断测试台如图 4.7 所示。

图 4.7 轴承故障诊断测试台

通过电火花加工技术在驱动端轴承外圈、内圈和滚动体上制造直径为 0.007，0.014，0.021 in 的单点损伤，共有 10 种轴承状态，其中包括 9 种故障状态和 1 种正常状态（NO）。实验轴承在负载 0，1，2，3 hp，转速 1720～1797 r/min 的不同工况下进行工作，以 12 kHz 和 48 kHz 的采样频率收集驱动端和风扇端的振动数据。

本章采用 0 hp 负载下驱动端轴承的 10 种运行状态数据作为实验数据，采样频率为 48 kHz，转速为 1797 r/min。采集的原始振动信号如图 4.8 所示。在 10 种轴承状态中，每种选取 1000 个样本作为样本集，每个样本中选取 1024 个数据点，采用第 4.2 节中描述的方法对收集到的原始信号进行预处理，处理后的信号灰度图如图 4.9 所示。然后将每个状态收集到的 1000 个样本集按照 7：2：1 的比例分为训练集、验证集和测试集。其中，第 0～8 类标签为故障轴承，第 9 类标签为正常轴承，具体实验数据如表 4.1 所示。

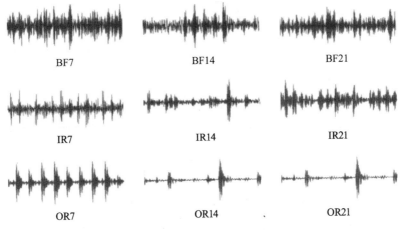

图 4.8 原始振动信号波形图

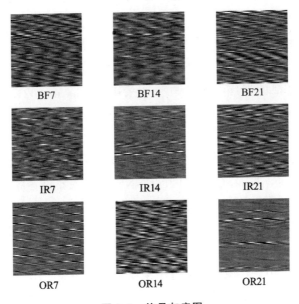

图 4.9 信号灰度图

表 4.1　实验样本数据集

故障类型	故障标签	轴承状态	故障位置	故障直径/in	负载/hp	转速/$(r \cdot min^{-1})$	训练集	测试集	验证集
BF7	0	故障轴承	滚动体	0.007	0	1797	700	200	100
BF14	1	故障轴承	滚动体	0.014	0	1797	700	200	100
BF21	2	故障轴承	滚动体	0.021	0	1797	700	200	100
IR7	3	故障轴承	内圈	0.007	0	1797	700	200	100
IR14	4	故障轴承	内圈	0.014	0	1797	700	200	100
IR21	5	故障轴承	内圈	0.021	0	1797	700	200	100
OR7	6	故障轴承	外圈	0.007	0	1797	700	200	100
OR14	7	故障轴承	外圈	0.014	0	1797	700	200	100
OR21	8	故障轴承	外圈	0.021	0	1797	700	200	100
NO	9	正常轴承	—	—	0	1797	700	200	100

4.4.2　相关参数设置

本章中模型的训练、测试与验证采用 PyCharm 2021.2.3 软件，在 CPU 为 AMD Ryzen 7 5800H、显卡为 GTX3060、内存为 16 G 的计算条件下进行实验。

为了降低双通道 CNN 在进行特征提取时的计算复杂度，并同时保留足够的有用信息，将 1D-CNN 和 2D-CNN 卷积核大小设置成 1×3 和 3×3。在 1DCNN 中，输入 1×1024 原始一维时间序列振动信号，通过一维卷积进行运算，池化层采用最大池化，填充为"SAME"，保证矩阵中每一个样本点都能被扫描到。

在 2DCNN 中，将原始一维时序振动信号重构成二维灰度图像，对其进行图像增强。采用 32×32 的矩阵作为输入，通过二维卷积进行运算，池化层采用最大池化，填充同样为"SAME"。

在构造 SSA-SVM 分类器时采取一对多策略，对有 n 个类别的样本，需要构造 n 个支持向量机 2 类分类器。在训练时，依次将某个类别的样本归为正样本，其余样本归为负样本。在进行决策时，函数值最大的分类器所对应的类别即为数据的类别。

　　设置超参数时，将初始学习率设置为 0.001，学习率在训练的同时随之衰减。双通道 CNN 特征提取的迭代次数为 1000 次，一次训练所选取的样本数为 64，采用交叉熵函数作为损失函数，使用 Adam 优化器。在用麻雀搜索算法对 SVM 的参数 C 和 g 进行优化时，将麻雀种群数量设置为 20，最大迭代次数设置为 100，以确保 SSA 具有较快的收敛速度和较强的全局搜索能力。SSA 的超参数如表 4.2 所示，具体诊断模型的参数如表 4.3 所示。

表 4.2　SVM 参数优化的 SSA 参数设置

种群数量	最大迭代次数	维度	发现者	加入者	预警值	下边界	上边界
20	100	2	0.7	0.3	0.6	0.1	200

表 4.3　算法模型具体参数表

网络层		大小	步长	数目
1D-CNN	输入层 1	1×1024	—	—
	卷积层 1—1	1×3	1×1	8
	池化层 1—1	1×2	1×2	16
	卷积层 1—2	1×3	1×1	16
	池化层 1—2	1×2	1×1	16
	扁平层 1	1×4096	—	1
2D-CNN	输入层 2	32×32	—	—
	卷积层 2—1	3×3	1×1	8
	池化层 2—1	2×2	2×2	16
	卷积层 2—2	3×3	1×1	16
	池化层 2—2	2×2	2×2	16
	扁平层 2	1×1024	—	1
全连接层和分类层	融合层	1×5120		1
	全连接层 1	1×512		1
	SSA-SVM	1×10	—	1

4.4.3 双通道 CNN 的训练

在训练双通道 CNN 时，保证 1D-CNN、2D-CNN 以及双通道 CNN 卷积层、池化层与其他超参数相同，使用式（4-6）所示的交叉熵损失函数来反映模型预测值与实际结果之间的差距，交叉熵损失函数越小，说明模型性能越好。最终绘制的函数如图 4.10 至图 4.12 所示。图 4.10 中，1D-CNN 测试集与验证集交叉熵函数曲线波动较大，模型不确定性较大，特征提取能力较差。图 4.11 中，2D-CNN 测试集与验证集交叉熵函数曲线在训练集上方运动，相比 1D-CNN 模型的特征提取能力有所改善，但测试集和验证集损失函数曲线并不稳定。图 4.12 中，交叉熵曲线相较图 4.9 和图 4.10 更加稳定且接近于 0。由此可以推断出双通道 CNN 的聚类效果明显优于传统的单通道 CNN 模型。

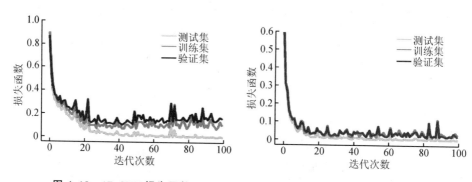

图 4.10　1D-CNN 损失函数　　　　　图 4.11　2D-CNN 损失函数

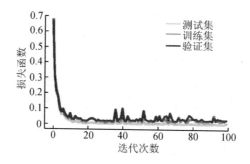

图 4.12　双通道 CNN 损失函数

4.4.4 t-SNE 可视化分析

该模型通过并行的 CNN 结构处理数据，而每个阶段都以不同的方式处理数据，为了进一步验证该模型较好的特征提取能力和分类能力，本章采用 t-SNE 将不同层提取到的故障特征映射到三维空间。如图 4.13 所示，t-SNE 算法可以将各类故障特征从高维空间投影到三维空间，并尽可能保持相对距离。

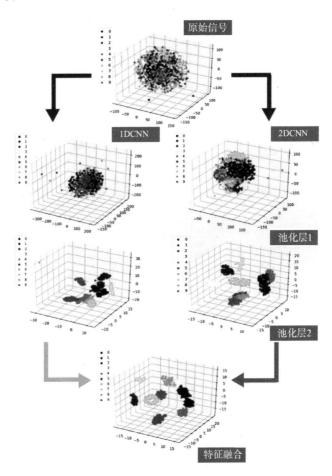

图 4.13　基于 t-SNE 可视化的数据处理

从图 4.13 中可以看出，原始输入信号杂乱无章，混淆程度最高。在 1D-CNN 与 2D-CNN 第一层卷积层中，各类故障特征之间逐渐清晰，但没有相互分离。在第二层卷积层中，各故障特征已经较好地形成了自己的群落。将两个并行通道融合之后可以看出，聚类效果相较于单通道而言更加理想分类的误差更小，不同类之间的距离变大，同类之间则更加紧密。经过双通道特征融合后，不同特征之间的混淆程度较低。

4.4.5 实验结果与对比分析

本章通过引入混淆矩阵来对该模型进行评估，混淆矩阵能够清楚地分析各故障类型的错误分类。将测试集样本输入模型中进行训练后可以得到预测标签，由混淆矩阵的横轴表示，混淆矩阵的纵轴则表示测试集样本的真实标签。

为了验证双通道 CNN 与 SSA-SVM 模型的可靠性，将该模型与其他模型进行比较，各个模型的结果混淆矩阵如图 4.14 所示。

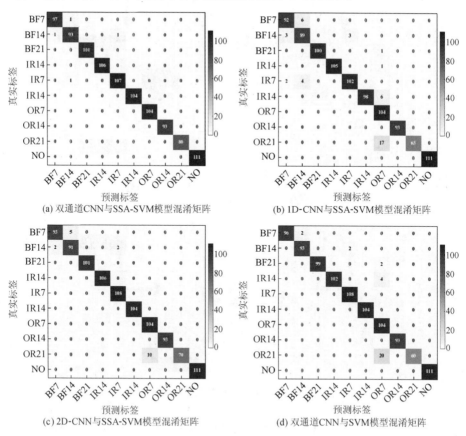

(a) 双通道CNN与SSA-SVM模型混淆矩阵　　(b) 1D-CNN与SSA-SVM模型混淆矩阵

(c) 2D-CNN与SSA-SVM模型混淆矩阵　　(d) 双通道CNN与SVM模型混淆矩阵

图 4.14　各个模型的结果混淆矩阵

在图 4.14 中，比较了双通道 CNN、1D-CNN、2D-CNN 与 SSA-SVM 分类器的实验结果。通过图 4.14a、图 4.14b 和图 4.14c，可以得出采用双通道 CNN 结构对比单一维度 CNN 有更高的分类准确率，证明了采用融合策略进行故障诊断的优越性。

将双通道 CNN 提取出的特征作为 SSA-SVM 和 SVM 分类器的输入向量，可以得到混淆矩阵图 4.14a 和图 4.14d。比较两个混淆矩阵可以看出，经过 SSA 优化后的 SVM 相较未优化的 SVM 有更高的分类准确率，证明了在 SVM 分类前用 SSA 进行优化的有效性。

表 4.4 为各个模型训练集、测试集及验证集的准确率。从表 4.4 中可以看出，本章提出的双通道 CNN 比单通道 1D-CNN 和 2D-CNN 的准确率分别提高了约 1% 和 4%。对 SVM 分类器进行优化得到的 SSA-SVM 分类器在准确率上对比优化前提高了约 2%，采用 SSA 对 SVM 进行优化后对比优化前的诊断精度提高了 2% 以上。在基于双通道 CNN 的结构中引入 SSA-SVM 后比 Softmax 分类器的准确率提高了 3% 以上，从而验证了优化过的 SSA-SVM 分类器与传统 CNN 中的 Softmax 分类器相比能够获得更好的分类结果。

表 4.4　模型分类准确率　　　　　　　　　　　　　　%

模型	训练集准确率	测试集准确率	验证集准确率
双通道 CNN-Softmax	98.37	95.92	94.45
双通道 CNN-SVM	100	97.10	97.80
1D-CNN－SSA-SVM	100	95.70	96.40
2D-CNN－SSA-SVM	100	98.10	98.40
双通道 CNN－SSA-SVM	100	99.60	99.60

4.5　本章小结

本章对深度学习使用的模型结构单一、无法对故障特征进行有效提取且诊断准确率较低等问题进行研究，提出了基于双通道 CNN 与 SSA-SVM 的故障诊断方法。该方法能够有效提取滚动轴承故障信号特征，解决分类器对提取特征存在较强依赖的问题。实验结果表明，该方法与传统的卷积神经网络模型与 SVM 模型相比，在滚动轴承故障诊断方面有更好的效果，具体表现在以下几点：

① 该模型采用双通道 CNN 结构对输入数据进行特征提取，该结构具有搭建容易、参数数量少及占用资源较少的优点。双通道 CNN 有两条不同维度的特征提取路线，与单通道 CNN 相比有更加强大的特征提取能力。

② 该模型采用 SSA-SVM 分类器进行最终故障模式分类。利用 SSA 算法强大的全局搜索能力对 SVM 的参数 C 和 g 进行自适应寻优。实验结果表明，SSA-SVM 分类器相较于 Softmax 分类器和 SVM 有更强的分类能力，在滚动轴承故障分类方面有更好的识别效果。

参考文献

[1] 文成林，吕菲亚，包哲静，等. 基于数据驱动的微小故障诊断方法综述 [J]. 自动化学报，2016，42（9）：1285-1299.

[2] XUE J K, SHEN B. A novel swarm intelligence optimization approach: sparrow search algorithm [J]. Systems Science & Control Engineering, 2020, 8 (1): 22-34.

[3] WANG H, XU J W, YAN R Q, et al. Intelligent bearing fault diagnosis using multi-head attention-based CNN [J]. Procedia Manufacturing, 2020, 49: 112-118.

[4] WANG D C, GUO Q W, SONG Y, et al. Application of multiscale learning neural network based on CNN in bearing fault diagnosis [J]. Journal of Signal Processing Systems, 2019, 91 (10): 1205-1217.

[5] QUINN B G. Estimation of frequency, amplitude, and phase from the DFT of a time series [J]. IEEE Transactions on Signal Processing, 1997, 45 (3): 814-817.

[6] AGREZ D. Weighted multipoint interpolated DFT to improve amplitude estimation of multifrequency signal [J]. IEEE Transactions on Instrumentation and Measurement, 2002, 51 (2): 287-292.

[7] SHERLOCK B G. Windowed discrete Fourier transform for

shifting data [J]. Signal Processing，1999，74（2）：169-177.

[8] BURRUS C S，PARKS T W. DFT/FFT and convolution algorithms：Theory and implementation [M]. Wiley Interscience Publication，1991.

[9] COOLEY J W，TUKEY J W. An algorithm for the machine calculation of complex Fourier series [J]. Mathematics of Computation，1965，19（90）：297-301.

[10] JAIN V K，COLLINS W L，DAVIS D C. High-accuracy analog measurements via interpolated FFT [J]. IEEE Transactions on Instrumentation and Measurement，1979，28（2）：113-122.

[11] 王鹏宇. 风力发电机组状态监控系统（CMS）上位机监控软件开发 [D]. 北京：北京交通大学，2014.

基于 CGAN-IDF 的小样本故障诊断方法

5.1 引言

第 3 章研究了多个工况、两种维度和不同噪声下深度学习模型对轴承故障诊断的影响,这也是目前大多数基于深度学习算法的机械故障诊断方法的研究方向。在大数据支撑下,深度模型能够获得较高的准确率。而在现实环境中,机械正常运转,大部分传感器检测到的都是健康数据,大量的故障振动信号难以获得,导致故障样本较少,数据的缺失与不平衡将严重影响模型的准确率。

在轴承故障诊断领域,训练数据缺失是深度学习模型公认的难题,被称为小样本问题。目前对于小样本问题通常有 3 种处理方法,分别是基于数据增强、基于迁移学习和基于模型。这 3 种方法的差异在于,基于数据增强使用了生成数据,基于迁移学习使用了其他领域的数据,而基于模型试图简化神经网络。

数据增强技术的使用最为广泛,能够通过生成器与鉴别器的训练生成样本,但存在模型崩溃和训练不平衡等问题。由此,本章提出了一种基于条件生成对抗网络(CGAN)与特征降维的 DF 的滚动轴承故障诊断算法。该方法通过引入标签来控制随机噪声的生成,能够加速训练。由于传统的图像评估方法不适用于机械信号,因此引入皮尔逊相关系数和余弦相似度统计特征来评估生成样本的质量,将生成较好的样本和真实样本融合输入改进的深度森林(improved deep forest,IDF)模型中,从而获得较高的准确率。

本章的创新点在于：

① 对 CGAN 的改进。原 CGAN 生成器和判别器采用的都是多层感知机模型，本章用卷积层和反卷积层代替。由于多层感知机会丢失像素间的空间信息，只接受向量输入，而通常复杂和深层的模型拥有大量的超参数，需要大量数据训练，小样本会导致模型过拟合，因此本章设计了一种简单轻量的网络模型来构建生成器和鉴别器。

② 对输入的改进。由于卷积层和反卷积层的特点，生成对抗网络会倾向于二维图片，而不是一维振动信号。因此本章使用二维灰度图和样本标签 one-hot 编码作为 CGAN 输入，使 CGAN 更容易达到纳什均衡。

③ 对级联森林输入的改进。级联森林使用类向量和原始输入堆叠连接为下一层输入，本章引入了特征降维深度森林，将类向量进行特征降维，然后输入下一层级联森林，减少了计算成本。

④ 对深度森林结构的改进，级联森林使用 RF 和 CRF 作为基学习器。本章使用 RF、CRF 和 LightGBM 作为基学习器，不仅能够增加集成学习基学习器的多样性，还能利用 LightGBM 等高级决策树算法提升模型的泛化性和鲁棒性。

本章的主要结构如下：

① 介绍生成对抗网络（GAN）、条件生成对抗网络（CGAN）和 LightGBM 等相关理论。

② 为了验证本章算法的可行性，使用凯斯西储大学的数据集进行实验。条件对抗网络–改进的深度森林（CGAN-IDF）能够生成与真实样本相似度较高的样本，提高模型的准确率。

5.2　理论介绍与分析

5.2.1　生成对抗网络

生成对抗网络（GAN）是一种网络生成模型，主要由生成器和判别器两个网络组成，模型结构如图 5.1 所示。生成器能够模拟原始数据的分布，通过添加噪声生成新的样本，试图欺骗判别器，判别器则需要判别样本的真假。

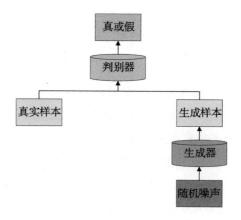

图 5.1 GAN 结构图

通过不断对抗优化和学习，生成器的样本生成能力和判别器的区分能力将会不断提升，数学公式如式（5-1）所示。

$$\min_{G}\min_{D}V(D,G)=E_{x\sim p_{\text{data}}(x)}[\log D(x)]+E_{z\sim p_z(z)}\{\log[1-D(G(z))]\}$$

$$(5\text{-}1)$$

式中：$x\sim p_{\text{data}}(x)$ 为真实数据的分布；$D(x)$ 为判别器对真实样本的判断结果；$D(G(z))$ 为判别器对生成样本的判断结果；$p_z(z)$ 为噪声样本的分布；$E_{x\sim p_{\text{data}}(x)}$ 为 x 对真实数据分布 $x\sim p_{\text{data}}(x)$ 的期望；$E_{z\sim p_z(z)}$ 为噪声 z 的期望。

生成器和判别器是关于 $V(G,D)$ 的二元极大极小值问题。对于生成器，在博弈过程中，希望其性能尽可能好。生成器的性能越好，$D(g(z))$ 的判断结果为真的概率越高，其值的大小越接近于 1，$V(G,D)$ 的值就会越小。判别器的性能越好，$D(x)$ 值的大小越接近于 1，判断为真的概率越高；$D(g(z))$ 值的大小越接近于 0，判断为假的概率越高。通过不断博弈优化，当 $p_{\text{data}}(x)=p_a(x)$ 时，这个二元极大极小问题达到全局最优。

对于给定的任意生成器，判别器的目标是使 $V(G,D)$ 的值最大化，$V(G,D)$ 的公式如式（5-2）所示。

$$V(G,D)=\int p_{\text{data}}(x)\log[D(x)]\mathrm{d}x+\int p_z(z)\log\{1-D[g(z)]\}\mathrm{d}z$$

$$(5\text{-}2)$$

$$=\int p_{\text{data}}(x)\log[D(x)]+p_g(x)\log[1-D(x)]\mathrm{d}x$$

对于固定生成器，最优判别器的公式如式（5-3）所示。

$$D_G^*(x) = \frac{p_{\text{data}}(x)}{p_{\text{data}}(x) + p_g(x)} \qquad (5\text{-}3)$$

判别器的训练目标可以理解成最大化似然估计，极大极小问题可以重新表述为：当 $p_{\text{data}}(x) = p_a(x)$，$D_G^*(x) = 0.5$ 时，$C(G)$ 取得最小值，如式（5-4）所示。

$$
\begin{aligned}
C(G) &= \min_D V(G, D) \\
&= E_{x \sim p_{\text{data}}} [\log D_G^*(x)] + E_{z \sim p_z} \{\log\{1 - D_G^*[G(z)]\}\} \\
&= E_{x \sim p_{\text{data}}} [\log D_G^*(x)] + E_{x \sim p_g} \{\log[1 - D_G^*(x)]\} \\
&= E_{x \sim p_{\text{data}}} \left[\log \frac{p_{\text{data}}(x)}{p_{\text{data}}(x) + p_g(x)}\right] + E_{x \sim p_g} \left[\log \frac{p_g(x)}{p_{\text{data}}(x) + p_g(x)}\right]
\end{aligned} \qquad (5\text{-}4)
$$

从生成的网络模型可以看出，判别器虽然在判断样本的真假方面有优势，但不善于解决分类问题。

5.2.2 条件生成对抗网络

原始 GAN 虽然能够生成相似度较高的样本，理论上可以完全逼近真实样本，但其对生成器几乎没有限制，生成过程过于自由，在生成初期或某些特定情况下会生成毫无意义的冗余数据。针对上述问题，Mehdi Mirza 等提出了条件生成对抗网络（CGAN），其模型结构如图 5.2 所示。

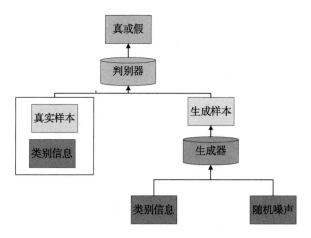

图 5.2　CGAN 模型结构

CGAN 的核心思想在于，将传统 GAN 由无监督模式转为有监督模式，具体做法如下：将条件变量信息 y 和随机噪声作为生成器的输入，其中 y 可以是任何信息标签，如人脸表情、手写数字标签或轴承故障分类。CGAN 的目标函数如式（5-5）所示。

$$\underset{G}{\min}\,\underset{D}{\max}V(D,G)=E_{x\sim p_{\text{data}}(x)}\big[\log D(x|y)\big]+E_{z\sim p_z(z)}\{\log\{1-D[G(z|y)]\}\}$$

$$(5\text{-}5)$$

式中：$D(x|y)$ 为判别器对真实数据和条件变量的判断结果；$D(G(z|y))$ 为判别器对生成样本和条件变量的判断结果。

5.2.3　LightGBM

LightGBM 是由微软公司提出的梯度提升树（gradient boosting decision tree，GBDT）的改进算法。由于 GBDT 存在运行速度慢、容易过拟合等不足，而 LightGBM 具有运行速度快、泛化能力强、占用资源少等优势，因此在处理大规模、高维度数据时，LightGBM 能够在消耗较少资源的情况下，获得较高的准确率。

LightGBM 算法的优势主要取决于以下三点：

① 采用单边梯度采样（gradient based one-side sampling，GOSS）算法，如图 5.3 所示。GBDT 存在两个问题：其一，对于每一棵决策树，每个特征都需要遍历所有的样本从而分裂节点，这就需要对每个分裂节点做信息增益计算和比较；其二，没有样本权重，没有保留最大梯度的实例，所以需要花费大量时间，需要较大空间。GOSS 对样本集做划分处理，首先对样本梯度进行排序，保留最大样本实例集；其次对小梯度的实例进行抽样，并且引入常数乘数；最后将关注点放在高梯度和选取一部分低梯度

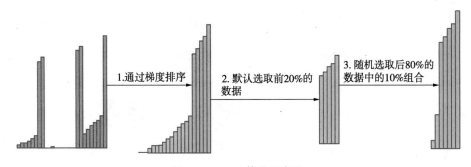

图 5.3　GOSS 算法示意图

的样本，这样既不改变原始数据分布，又能缩小训练样本容量，从而提高模型的准确率。

② 采用互斥特征捆绑（exclusive feature bundling，EFB）算法，如图 5.4 所示。EFB 的本质是对高维数据特征做特征提取，通常高维特征是非常稀疏（sparse）的。在稀疏特征空间中，许多特征都是互斥的（如 one-hot 编码后的数据特征），所谓互斥就是特征很少会同时出现非零值。EFB 的核心在于减少特征数量，提高效率，将原先的时间复杂度 O（data× feature）减少至 O（data×bundle），bundle≪feature。

EFB 采用贪婪绑定（greedy bundling）和合并互斥特征（merge exclusive features）来解决哪些特征可以绑定和特征应该如何绑定的问题。将特征划分为最小数量的独占包，该问题被定义为一个 NP-hard 问题，为了在效率和准确度之间取得平衡，采用贪婪绑定。EFB 共分为三步：首先，构建特征图；其次，根据特征图的冲突率或零特征值，降序排序样本特征；最后，遍历特征，重新绑定，将互斥特征捆绑得到新的特征。使用捆绑后的特征进行训练可以避免对零特征值的非必要计算，并以此提升算法的性能。

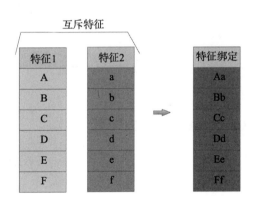

图 5.4 EFB 算法示意图

③ 采用直方图（histogram）算法，如图 5.5 所示。直方图算法在 LightGBM 中有两种应用。

第一种：将当前样本的浮点特征离散成 k 个数量相等的整数，并构造宽度为 k 的直方图，然后根据直方图找到最优的切分点。DF 只需要遍历直方图，而不需要遍历所有的样本，这样就可以减少模型训练的时间，增强模型的稳定性。

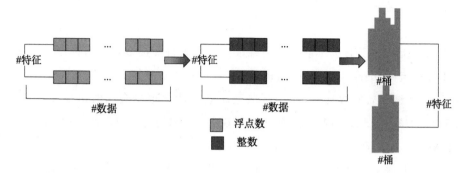

图 5.5　直方图算法示意图

第二种：LightGBM 对直方图做差加速。单个叶子节点的直方图可通过该叶子节点的父节点与兄弟节点的直方图做差得到，如图 5.6 所示。通常构造直方图时，需要遍历叶子节点上的所有数据，但直方图做差只需要遍历直方图的 k 个桶（bin），进一步加快了模型运行的速度。

图 5.6　直方图做差示意图

5.3　基于 CGAN-IDF 的诊断模型

5.3.1　数据预处理

（1）数据增强

3.3.1 节中数据增强采用的是数据重叠采样。数据重叠采样通常用于处理不平衡数据集问题，具有的技术优势包括提高少数类代表性、减少信息丢失、降低过拟合风险、提高模型性能等，但存在以下缺陷：一是重叠采样会出现偏差；二是部分故障数据会被截断；三是当前时域下的信号并没有暴露出故障的特征。CGAN 作为当前最流行的数据增强方式，能够针对样本类别不平衡、小样本数据集等问题，引入相关评估生成质量的度量衡，让生成样本有章可循。

（2）维度转换

维度转换方法参见 3.3.1 节。

5.3.2　CGAN-IDF 模型细节

本章提出的模型基于 CGAN 与改进深度森林，通过维度转换将一维振动信号转换为二维灰度图，学习灰度图中的特征，生成相似度较高的样本用于数据扩充，解决数据不平衡和样本量小等问题。

将样本标签的 one-hot 编码和均值为 0、方差为 1 的高斯噪声组合作为生成器的输入，通过 Dense 层将噪声提升至 1024 维度，然后通过 Reshape 层将数据维度转换成（32,32），接着使用上采样层和反卷积层组成的特征提取层对样本特征进行学习，生成故障样本。在特征提取层中添加 BatchNorm 层，在 BatchNorm 层后添加 ReLU 作为激活函数，输出层使用 Tanh 作为激活函数。生成器模型结构如图 5.7 所示。

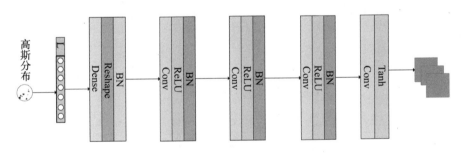

图 5.7　生成器模型结构示意图

如图 5.8 所示，判别器的输入为生成器的输出，模型包含三层卷积层。每个卷积层后都进行 Dropout 处理，可以减少神经网络的过拟合。采用 LeakyReLU 作为激活函数，生成器和判别器均采用二元交叉熵作为损失函数。因为样本维度不高，所以将卷积核缩小，网络层数减小，epoch 设置为 5000。BatchSize 会随着样本容量的数量变化而变化，样本容量较大时，BatchSize 也会较大，优化器为 Adam，学习率为 0.001。

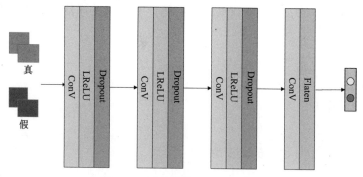

图 5.8　判别器模型结构示意图

分类器采用的是改进的深度森林（IDF），结构如图 5.9 所示。在原始 DF 中，将类向量连接起来形成一个高维特征向量，作为下一层森林的输入，通过层层堆叠使计算量负担加重，模型的准确率降低。所有高维度特征向量均需要进行特征降维，特征降维模块将依据特征重要性来衡量该特征是否需要叠加送到下一层，特征重要性则需要通过随机森林中数据集和排列数据集之间的预测差异来衡量。跨层输入不仅保留了有效特征向量，去除了不重要特征向量，而且降低了计算成本，提升了分类性能。

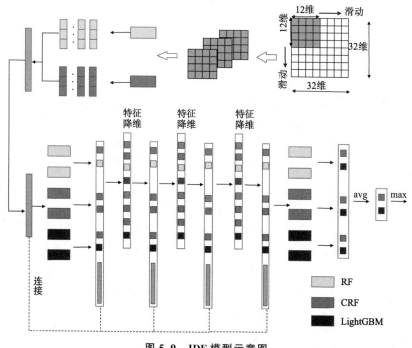

图 5.9　IDF 模型示意图

为了保证集成模型的多样性，级联森林每一层都由 RF、CRF 和 LightGBM 组成，通过 RF、CRF 和 LightGBM 生成类分布向量。LightGBM 能够在消耗较少资源的情况下获得较高的准确率。RF 和 CRF 中含有 300 棵 DT。

5.3.3　样本生成流程

与其他深度学习算法相比，CGAN 训练目标并不是最小化损失函数，而是实现生成器和判别器之间的纳什均衡，使两者均达到较好的效果。然而在 CGAN 训练中，生成器过于简单，无法生成复杂样本，而判别器每次均能判断正确；多次训练，判别器的训练效果通常都会优于生成器。因此，本章提高了噪声的维度，添加了正则化操作。具体步骤如下：

① 原始数据预处理。CGAN-IDF 模型是基于二维图像数据构建的，所以需要对一维数据进行预处理，将原始振动信号转换为二维图像数据。具体细节参见 3.3.1 节。

② 更新判别器参数。将带有标签 one-hot 信息的高斯噪声输入生成器，生成虚假样本。将生成样本与真实样本并行输入判别器，然后通过损失函数计算损失，更新判别器参数。

③ 更新生成器参数。每更新一次判别器参数后，生成器都需要多次更新迭代来保证模型的稳定性，从而最小化生成数据之间的差异。

5.3.4　模型诊断流程

将 CGAN-IDF 应用于故障诊断时，可分为以下两个步骤。

（1）生成虚假样本

通过 CGAN-IDF 训练后，使用 CS 和 PCC 来评估生成样本和真实样本的相似度。CS 是 n 维空间中两个 n 维向量夹角的余弦值，通过计算向量之间的余弦距离来判断相似度。CS 值在 $[-1,1]$ 之间，越接近于 -1 说明向量之间的差异越大，越接近于 1 说明向量之间的相似度越高。CS 的计算公式如下：

$$\mathrm{CS} = \cos(\theta) = \frac{\bm{A} \cdot \bm{B}}{\|\bm{A}\| \|\bm{B}\|} = \frac{\sum\limits_{i=1}^{n} A_i \times \bm{B}}{\sqrt{\sum\limits_{i=1}^{n} (A_i)^2} \times \sqrt{\sum\limits_{i=1}^{n} (B_i)^2}} \tag{5-6}$$

式中：$\bm{A}$ 为真实样本的向量；$\bm{B}$ 为生成样本的向量；A_i 为向量 $\bm{A}$ 的分量；B_i 为向量 $\bm{B}$ 的分量。

PCC 是一种统计检验，用于计算不同向量之间关系的强度。-1 表示两个向量之间为负相关，0 表示没有关系。PCC 的值越接近于 1，表示两个向量之间存在很强的正相关关系，对应到本模型中，说明生成的图像质量越好。PCC 的计算公式如下：

$$\mathrm{PCC} = \rho_{xy} = \frac{\mathrm{cov}(\bm{X}, \bm{Y})}{\sigma_x \sigma_y} = \frac{E\left[(\bm{X} - \mu_x)(\bm{Y} - \mu_y)\right]}{\sigma_x \sigma_y} \tag{5-7}$$

式中：$E[\ ]$ 为期望；σ 为标准差；$\bm{X}$ 为真实样本向量；$\bm{Y}$ 为生成样本向量。

由于 CGAN 网络的特性，当本模型中 epoch 低于 500 时，生成器效果较差，生成样本与真实样本之间 CS 和 PCC 的值均小于 0.5，将生成器数据丢弃。当 epoch 大于 500 时，每 5 个 epoch，生成器就会将当前 epoch 同一批次中每一类故障的真实数据随机挑选出一个样本，将真实样本和生成样本重构为向量，计算重构向量与生成器生成样本的 CS 和 PCC 值。选择同一批次下相似度较高的数据，生成混合故障的样本，将数据保存为 csv 格式文件。CS 和 PCC 的值越大，生成样本的质量就越好。对于 IDF 而言，通过增加一定比例的高质量生成样本，能够提高模型的准确率和鲁棒性。

（2）故障诊断

首先，将生成样本与真实样本同时输入 IDF 模型中，通过多粒度扫描提取样本间的多维信息特征，将特征输入级联森林中进行分类；其次，通过添加特征降维模块，降低模型复杂度，提高计算速度；最后，输出模型预测结果。CGAN-IDF 模型架构如图 5.10 所示。

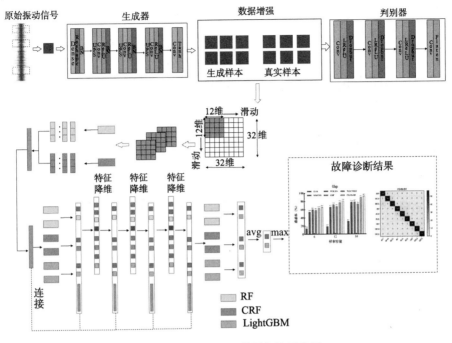

图 5.10　CGAN-IDF 模型架构示意图

5.4　实验验证

5.4.1　实验描述

（1）实验数据描述

本章选用的实验数据来自 CWRU 数据集。实验数据集划分如表 5.1 所示，子样本数据长度为 1024，采用第 3.4.1 节中的方法对信号进行数据预处理。信号采样频率为 12 kHz。实验设置了四类数据集 A_i、B_i、C_i、D_i，$i \in [1,4]$，分别工作在负载 0，1，2，3 hp 下。每类数据集都取 3 种不同的样本容量：在每个故障下取 6，12，30 个样本。A_1 表示在负载 0 hp 下，9 类故障分别取 6 个子样本和一类正常样本的数据集，样本容量为 60。由于小样本数据集样本容量较少，所以测试集容易出现偏差。测试数据集：每个故障取 30 个样本，样本总容量为 300。

（2）实验软硬件平台

计算机硬件配置：CPU 为八核 Intel Xeon 6258R，内存为 512 G，显卡为 Tesla V100s。

计算机软件配置：Windows Server 2019 操作系统，Python 3.8，TensorFlow 2.7.0。

表 5.1　实验数据描述

类别	故障类型	数据集 A_i	数据集 B_i	数据集 C_i	数据集 D_i
1	BF7	6/12/30	6/12/30	6/12/30	6/12/30
2	BF14	6/12/30	6/12/30	6/12/30	6/12/30
3	BF21	6/12/30	6/12/30	6/12/30	6/12/30
4	OR7	6/12/30	6/12/30	6/12/30	6/12/30
5	OR14	6/12/30	6/12/30	6/12/30	6/12/30
6	OR21	6/12/30	6/12/30	6/12/30	6/12/30
7	IR7	6/12/30	6/12/30	6/12/30	6/12/30
8	IR14	6/12/30	6/12/30	6/12/30	6/12/30
9	IR21	6/12/30	6/12/30	6/12/30	6/12/30
0	NO	6/12/30	6/12/30	6/12/30	6/12/30

5.4.2　时序和灰度图生成样本对比

一维网络模型采用原始振动信号作为输入，CGAN 生成数据也为时序振动信号。一维 CGAN 模型所有参数均与本章模型参数相同，仅将卷积层由二维转换成一维。二维网络模型采用的是 4.4.1 节中的预处理方法。仅在分析维度分析转换对模型的影响的章节，模型才会添加 "_1d" "_2d" 等后缀，其余章节模型均为二维，不添加后缀。

故障样本生成实验数据集选用 B_3，即样本容量均为 300，负载为 1 hp。如图 5.11 所示，经过大量训练，生成器的损失函数和判别器的损失函数均达到纳什均衡。

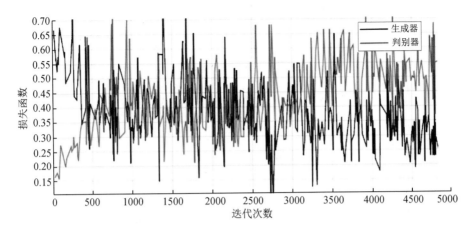

图 5.11　生成器和判别器的损失函数曲线

如图 5.12 所示，网络模型刚开始训练的时候，生成器和判别器的损失曲线差距较大，随着迭代次数的增加，生成器的损失变化分为两个阶段，先降低后趋于稳定，收敛到某个稳定值。前 500 次迭代为生成器初始阶段，此阶段生成器学习能力差，生成样本质量不高，判别器能够轻松地分辨出样本的真假，从而判别器的准确率较高。经过 1000 次训练，两者损失函数曲线靠近。经过 3000 次训练，生成器和判别器波动较小并趋于平稳，损失值达到最小。经过 3300 次训练，生成器和判别器损失值相同，生成样本和真实样本具有较高的相似度，此时模型达到纳什均衡，停止训练，保存模型。

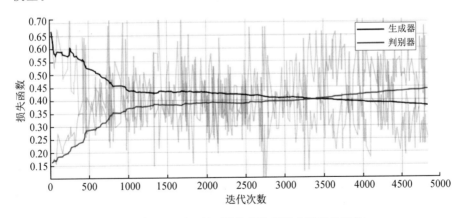

图 5.12　生成器和判别器的损失函数曲线变化趋势

为了更好地比较生成数据和真实数据的样本差异，可将真实数据与生成数据的时序图放在同一个图中做对照。如图 5.13 所示，生成数据大体与真实数据重合，波形大体趋势类似，具有一定的相似度。图 5.14 和图 5.15 分别展示了真实故障的一维时频图和对应生成器合成的二维灰度图，其中二维灰度图因堆叠效果不佳故分开处理，由图可以看出二维灰度图的整体相似度较高。

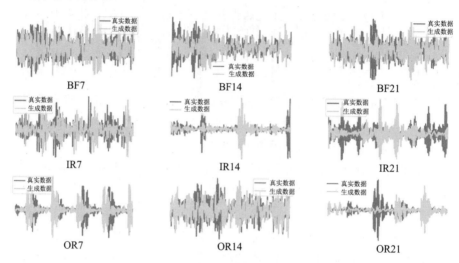

图 5.13　一维信号真实和生成样本时域图

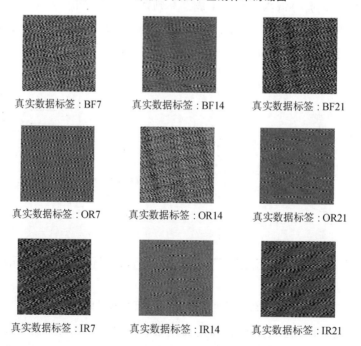

图 5.14　真实故障样本二维灰度图

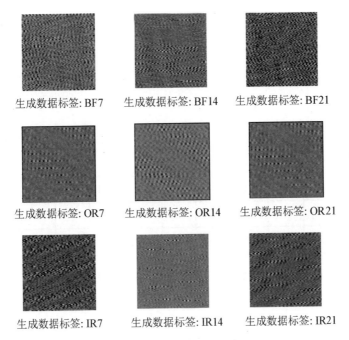

生成数据标签: BF7　　　生成数据标签: BF14　　　生成数据标签: BF21

生成数据标签: OR7　　　生成数据标签: OR14　　　生成数据标签: OR21

生成数据标签: IR7　　　生成数据标签: IR14　　　生成数据标签: IR21

图 5.15　生成故障样本二维灰度图

　　为了进一步评估生成数据的样本质量,需计算一维和二维各故障生成样本与真实样本的 PCC 和 CS 值,定量衡量两者之间的相似度。PCC 和 CS 值大于 0.5 表示生成的数据与真实样本显著相关,说明两者具有较高的相似度。对样本质量进行定量分析,能够选出模型生成期间相似度较高的数据,为小样本数据扩充奠定基础。如图 5.16 和图 5.17 所示,一维时序信号的 PCC 值最大为 0.79,CS 值最大为 0.80;二维灰度图的 PCC 值最大为 0.84,CS 值最大为 0.86;对于 9 类故障,二维灰度图生成的样本相似度均高于一维时序信号。

　　选取 PCC 和 CS 值较高的 epoch 下生成的数据,每个故障选取 30 个生成样本,总生成样本容量为 300。将挑选出的生成样本与真实样本相结合输入作为总样本,总样本容量为 600。如图 5.18 所示,CGAN-IDF_1d 模型预测出错的基本是同一个类别,IR 故障分类出错较多,主要集中在 IR7 和 IR14。当 PCC 和 CS 值较小时,CGAN-IDF_1d 预测出错的概率会增加,准确率约为 91.1%。如图 5.19 所示,同样 IR7 和 IR14 出错较多,说明 CGAN 对 IR 故障生成的效果较差。CGAN-IDF_2d 模型准确率为 92.9%。整体而言,二维图像的准确率均高于一维。

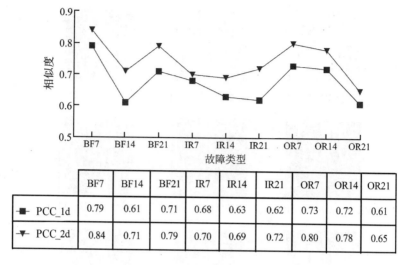

	BF7	BF14	BF21	IR7	IR14	IR21	OR7	OR14	OR21
■ PCC_1d	0.79	0.61	0.71	0.68	0.63	0.62	0.73	0.72	0.61
▼ PCC_2d	0.84	0.71	0.79	0.70	0.69	0.72	0.80	0.78	0.65

图 5. 16　不同维度 PCC 值对比图

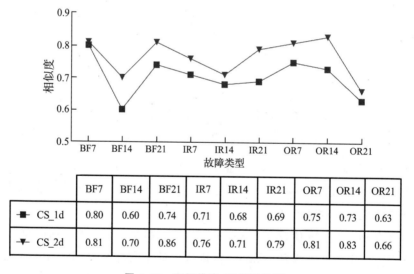

	BF7	BF14	BF21	IR7	IR14	IR21	OR7	OR14	OR21
■ CS_1d	0.80	0.60	0.74	0.71	0.68	0.69	0.75	0.73	0.63
▼ CS_2d	0.81	0.70	0.86	0.76	0.71	0.79	0.81	0.83	0.66

图 5. 17　不同维度 CS 值对比图

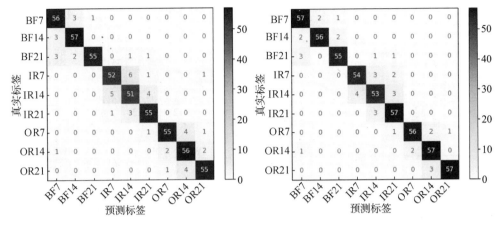

图 5.18　CGAN-IDF_1d 混淆矩阵　　　　图 5.19　CGAN-IDF_2d 混淆矩阵

5.4.3　增强样本和初始小样本对比

本小节主要探索 CGAN 生成样本对不同模型的性能提升。实验数据集采用的是 A_1-A_3、B_1-B_3、C_1-C_3 和 D_1-D_3，即 0，1，2，3 hp 负载下的 6，12，30 个样本数据集。具体来说，使用 CGAN 网络生成样本数据，每类故障生成 30 个样本，并将生成样本与真实样本融合形成扩充训练集。使用扩充训练集和初始小样本数据集分别训练模型。选用的模型为 SVM、WDCNN、WDCNNDF 和 MWCNN。

通过分析图 5.20 中各个工况下模型的准确率可以看出：

（1）在各种负载情况下，使用扩充训练集的分类器的准确率普遍高于使用初始小样本数据集，说明 CGAN 模型能够生成有效的样本，可以提高小样本场景下故障分类模型的诊断能力。

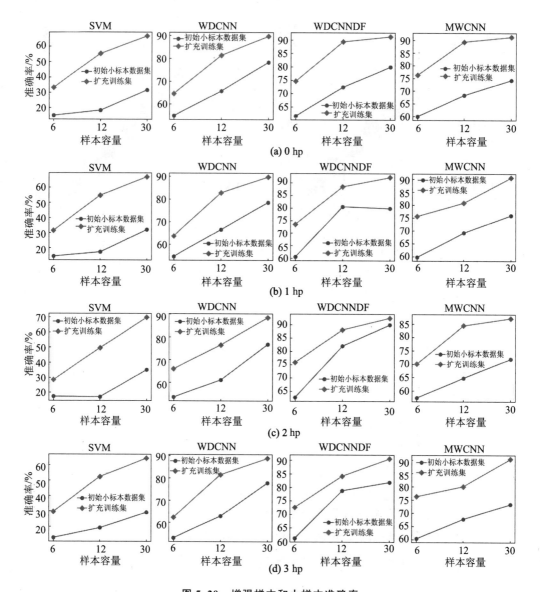

图 5.20　增强样本和小样本准确率

（2）绝大多数情况下，当初始单类故障样本数量为 6 时，使用扩充训练集对模型性能的提升小于初始故障样本数量为 12 和 30 的两种场景下使用训练集对模型准确率的提升。小样本容量占比太小，CGAN 没有学习到足够的特征信息，将导致样本质量较差，对模型故障诊断能力提升较小。

5.4.4 CGAN-IDF 和基础模型对比

本小节进行 CGAN-IDF 与其他基础模型的性能对比。实验数据集采用的是 A_1-A_3、B_1-B_3、C_1-C_3 和 D_1-D_3，即 0，1，2，3 hp 负载下的 6，12，30 个样本数据集。选用的模型为 SVM、WDCNN、WDCNNDF、MWCNN 和 CDF 模型。数据输入采用的是二维初始小样本输入，CGAN-IDF 采用的是生成样本与真实样本融合形成的扩充训练集。为了防止偶然性，实验结果均为运行 10 次取平均值，结果如图 5.21 所示。

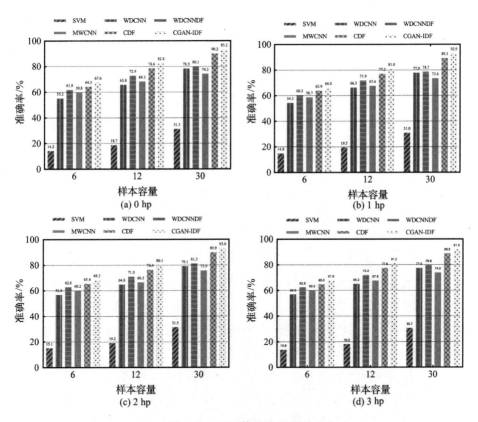

图 5.21 不同算法的准确率

通过分析图 5.21 中各个工况下模型的准确率可以看出：

（1）当样本容量为 6，工况为 0，1，2，3 hp 时，CGAN-IDF 的准确率分别达到了 67.6%，66.0%，68.2%，67.9%，均优于其他五类使用初始小样本数据集的模型。当样本容量为 12 和 30 时，可以得出同样的结论。这说明 CGAN-IDF 是准确率最佳的模型，CGAN-IDF 能够生成高质量的多类假样本，扩充数据集，使总样本容量得到扩充，模型能够充分训练，从而提高性能。

（2）随着样本容量的增加，模型的准确率均有提升，当样本容量为 30时，除了 SVM，其余模型的准确率均在 75% 以上，CGAN-IDF 的准确率均在 91% 以上，证明随着样本容量的增加，CGAN-IDF 能够提升模型的准确性。

5.5 本章小结

本章针对现实环境下故障样本难以收集、小样本问题，提出了一种基于 CGAN-IDF 的故障诊断算法。该算法能够利用二维灰度图生成相似度较高的数据，通过使用增强样本，提升模型的分类性能。经过多组对比实验可知，CGAN-IDF 与其他基础模型相比具有良好的识别效果，主要结论如下：

① 本书所提的 CGAN 模型相较于一维振动信号，对二维灰度图的生成数据的质量更高。使用 PCC 和 CS 作为样本相似度标尺时，二维灰度图的 PCC 和 CS 值均高于一维，而且就 IDF 的准确率而言，二维灰度图也高于一维振动信号。

② 当训练集样本容量减小到一定程度时，CGAN 对数据的拟合程度不高，对故障诊断分类性能提升有限。高于一定比例的小样本能够使用 CGAN 生成相似度较高的数据，与初始小样本融合可以显著提高各种模型的准确率。

③ 针对不同样本容量下小样本数据集的问题，对比 CGAN-IDF 与基础模型发现，CGAN-IDF 在任意一种工况下均能够获得较高的准确率，证明 CGAN-IDF 能够生成高质量的样本，获得较高的分类准确率。

◎ 参考文献

[1] LI C J, LI S B, ZHANG A S, et al. Meta-learning for few-shot

bearing fault diagnosis under complex working conditions ［J］. Neurocomputing，2021，439：197-211.

　　［2］MIRZA M，OSINDERO S. Conditional generative adversarial nets ［EB/OL］. (2014-10-06)［2023-4-23］. http：//arXiv org/abs/1411. 1784.

　　［3］KE G，MENG Q，FINLEY T，et al. Lightgbm：a highly efficient gradient boosting decision tree ［C］. Advances in neural information processing systems，2017.

　　［4］SU R，LIU X Y，WEI L Y，et al. Deep-resp-forest：a deep forest model to predict anti-cancer drug response ［J］. Methods，2019，166：91-102.

基于深度学习的时频双通道滚动轴承故障诊断方法

6.1 引言

第 4 章中提出的双通道 CNN 与 SSA-SVM 联合模型在对滚动轴承数据进行分类方面虽然已经取得了较高的准确率，但是该方法并没有对原始信号进行任何分析与处理，仅仅将一维振动信号转换成二维灰度图像，把一维与二维的信号直接输入卷积神经网络中进行训练。本章依然从双通道结构出发，在此基础上考虑同时对一维信息和二维信息做特殊处理，并引入了快速傅里叶变换和小波变换。快速傅里叶变换能够将数据信号从原始域转换到频域中进行表示，具有处理速度快、不需要人为设定相关参数的优点；小波变换能够在不同尺度上对数据信号进行观测，不仅可以捕捉到振动数据的整体特征，还可以保留原始信号的重要信息。本章中，一维时序信号经过快速傅里叶变换转换成频谱图，经过小波变换转换成二维时频图。本章模型具有两条输入通道，能够同时将一维 FFT 频谱图和二维小波时频图输入模型中，使模型能够更加全面地提取数据信号的故障特征，提高故障诊断效果。

6.2 理论介绍与分析

本章提出的故障诊断方法在第 4 章的基础上进行了改进，引入了快速傅里叶变换、小波变换等技术。因此，本章的理论部分主要针对快速傅里叶变换、小波变换的基本理论进行阐述。

6.2.1   快速傅里叶变换

离散傅里叶变换（discrete fourier transform，DFT）能够将时域信号转变为一组数据，其中频率值为横坐标，信号幅值为纵坐标。在滚动轴承故障振动信号中，通常会表现出明显的幅值频率特征，因此使用频域分析方法更利于对轴承的健康状态进行分析和处理。

1965 年，Cooley 等对 DFT 算法进行改进，提出了快速傅里叶变换（fast fourier transform，FFT）。FFT 利用旋转因子和蝶形运算的特性，将长序列的 DFT 计算按奇偶分解为短序列的 DFT 计算，从而减少计算量，使 DFT 计算的工作量大大降低。其本质是离散傅里叶变换的一种优化算法，将时间复杂度从 $O(n^2)$ 降低到 $O(n\log n)$。当 N 的数值较大时，FFT 算法在时间复杂度上的优化是十分显著的。

图 6.1 展示了 FFT 算法将输入数据按照奇偶分解成两部分 DFT 的运算过程，其中每个部分的计算包含了若干蝶形运算。蝶形运算公式如式（6-1）所示。

$$X(k) = \begin{cases} X_1(k) + W_n^k X_2(k), & k \in \left(0, \dfrac{N}{2}-1\right) \\ X_1(k) + W_n^k X_2(k), & k \in \left(\dfrac{N}{2}, N-1\right) \end{cases} \tag{6-1}$$

式中：$X(k)$ 表示 FFT 变换后的信号；W_n^k 表示傅里叶变换旋转因子；N 表示信号的长度。

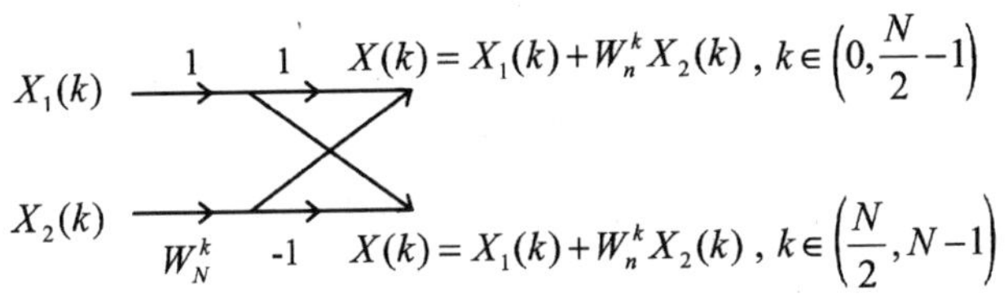

$$X_1(k) \xrightarrow{\quad 1 \quad} \xrightarrow{\quad 1 \quad} X(k) = X_1(k) + W_N^k X_2(k),\ k \in \left(0, \frac{N}{2}-1\right)$$

$$X_2(k) \xrightarrow{\ W_N^k\ } \xrightarrow{\ -1\ } X(k) = X_1(k) + W_N^k X_2(k),\ k \in \left(\frac{N}{2}, N-1\right)$$

图 6.1   蝶形运算示意图

图 6.2 所示为 8 点 FFT 的蝶形运算示意图，共包含了 3 级蝶形运算，每一级中有 4 组运算。其中，W_n 表示傅里叶变换因子；$x(n)$ 和 $X(n)$ 分别表示输入序列和输出序列。蝶形运算通过二进制位重排和递归的方式

高效地进行傅里叶变换，大大提高了计算效率。

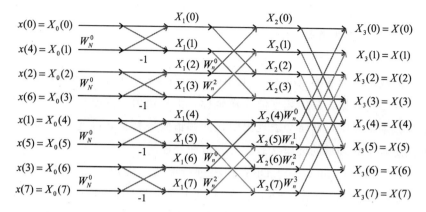

图 6.2　8 点 FFT 蝶形运算图

图 6.3 所示为采用 FFT 对原始振动信号进行变换后的 FFT 频谱图。

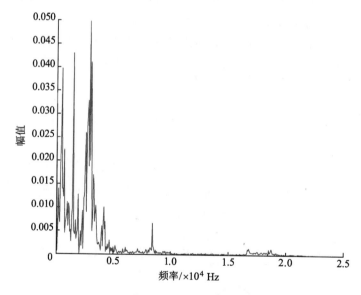

图 6.3　FFT 频谱图

6.2.2　小波变换

滚动轴承故障信号通常具有非线性和非平稳性，同时包含多种故障特征，这些特征信息可能会反复出现，使得提取故障特征信息的难度大大增加。针对特征信号的这些特点，本章引入了时频分析技术。时频分析技术能够同时展现轴承故障信号在时间域和频率域的局部化特征，在信号分析方面具有良好的表现。常见的时频分析方法有许多种，包括小波变换、短时傅里叶变换（SFFT）、广义 S 变换以及 Wigner-Ville 分布等。本节选择小波变换对数据进行时频分析，下面对小波变换进行介绍。

小波变换常常被应用于各种需要采集信号进行分析和处理的场景，它能够完成不同尺度、不同分辨率下对非周期的瞬时信号的处理，满足实际应用的需要。

在使用小波变换对信号进行分析时，针对不同的频率可以选择不同的时窗。一般情况下，对高频信号进行处理时选择窄时窗，低频信号则选择较宽时窗。在时域中，小波变换后信号 $W_\varphi(a,b)$ 的表达式如式（6-2）所示。

$$W_\varphi(a,b) = \frac{1}{\sqrt{a}}\int x(t)\varphi^*\left(\frac{t-b}{a}\right)\mathrm{d}t, \; a < 0 \qquad (6\text{-}2)$$

式中：$x(t)$ 表示时域信号；φ 表示母小波；φ^* 表示复共轭母小波；a 表示尺度因子；b 表示时移因子。

小波变换作为一种时频分析方法，其关键在于选取合适的小波基函数。当信号波形与所选小波基函数的波形相似时，与小波基函数波形相似的信号将被放大，而具有不同形状的信号特征则会被抑制。因此，选择正确的小波基函数更有利于对故障特征进行有效提取。文献［10］中提出，与其他小波基函数相比，morlet 小波波形与轴承工作的时序波形更相似。morlet 小波的数学表达式如式（6-3）所示。

$$w(t) = \pi^{-1/4}\mathrm{e}^{\mathrm{j}2\pi f_0 t}\mathrm{e}^{-t^2/2} \qquad (6\text{-}3)$$

式中：f_0 表示 morlet 小波的中心频率。

cmor 小波是 morlet 小波的复数形式，相较于 morlet 小波具有更好的光滑性与更强的适应性，能够更加有效地提取滚动轴承原始信号的故障特征。因此，本章采用 cmor 小波作为基函数对滚动轴承振动信号进行时频分析。

图 6.4 所示为采用 cmor 小波对原始振动信号进行小波变换的效果图，图中列举了表 4.1 中的第 0 类（BF7）到第 8 类（OR21）故障标签。

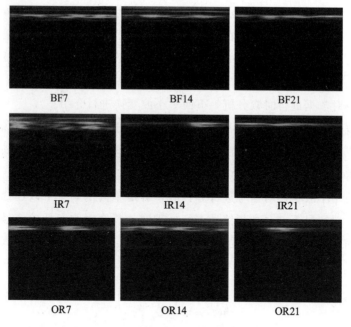

图 6.4　小波变换时频图

　　本节简要阐述小波变换的原理，阐明了利用小波变换来分析滚动轴承故障特征信号，可以获得更加丰富的故障信息。在后面的数据预处理阶段也将用到这一变换。

6.3　小波时频处理的双通道故障诊断模型

　　本章提出了一种基于深度学习的时频双通道轴承故障诊断方法，该模型与第 4 章提出的模型中的双通道 CNN 结构相似。在数据预处理阶段，该模型将一维原始振动信号分别转换成 FFT 频谱图和小波时频图输入双通道 CNN 的两条特征提取通道中，同时接受一维特征数据（频域图）和二维特征数据（小波时频图），从而提取更加丰富的故障特征信息，提高滚动轴承故障诊断的准确率。

6.3.1　故障诊断模型构建

　　针对目前滚动轴承故障数据中因特征不充足而带来的泛化性能以及诊断性能较差的问题，本章提出了一种基于深度学习的时频双通道滚动轴承故障诊断方法，该方法结合故障信号的频域特征和时频特征，并通过第 4 章提出的双通道 CNN 结构实现。

　　该模型架构主要分为三部分：数据预处理、故障特征提取以及模型训练与分类。数据预处理阶段将采集到的样本通过数据增强技术进行划分，为接下来进行故障特征提取准备好符合网络模型输入形式的数据。故障特征提取阶段采用的网络结构与第 4 章相同，具有两个特征提取通道，将经过 FFT 得到的 FFT 频谱图输入 1D-CNN 中进行训练，通过小波变换对二维灰度图进行转换，然后将得到的小波时频图输入 2D-CNN 中进行训练，在参数调整的过程中使用相同的损失函数和优化函数。最后把两条通道提取到的故障特征在汇聚层进行融合，在分类层进行分类和输出，具体处理流程如图 6.5 所示。

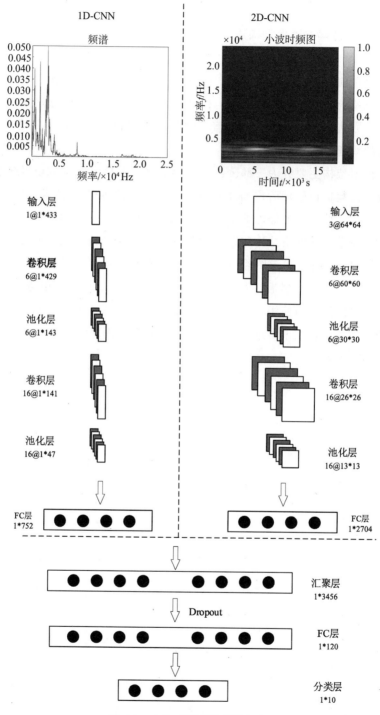

图 6-5　小波时频双通道流程图

6.3.2 故障诊断方法的流程

基于深度学习的时频双通道轴承故障诊断方法具体工作流程如图 6.6 所示，主要分为以下步骤：

① 故障信号采集。采用 CWRU 数据集作为实验数据集。

② 样本数据采集。对采集到的故障信号进行数据预处理，设置好样本长度、数量以及滑动步长等样本参数，划分出训练集、测试集和验证集。

③ 特征提取。从采集完成的样本数据中分别通过 FFT 和小波变换提取出一维特征信号中的 FFT 频谱及小波变换时频图。

④ 网络模型训练。构建时频双通道网络诊断模型，并对相关参数进行初始化。将特征提取到的 FFT 频谱作为 1D-CNN 的输入，小波变换时频图作为 2D-CNN 的输入。通过前向传播对诊断模型进行训练，通过反向传播来更新模型相关超参数。当损失函数最小时，达到检测指标的要求，故障诊断模型训练完成。

⑤ 故障诊断与模型测试。将测试集数据提取的特征输入训练好的网络模型，通过将所得结果与真实标签进行比较来评估诊断模型的分类能力与可行性。

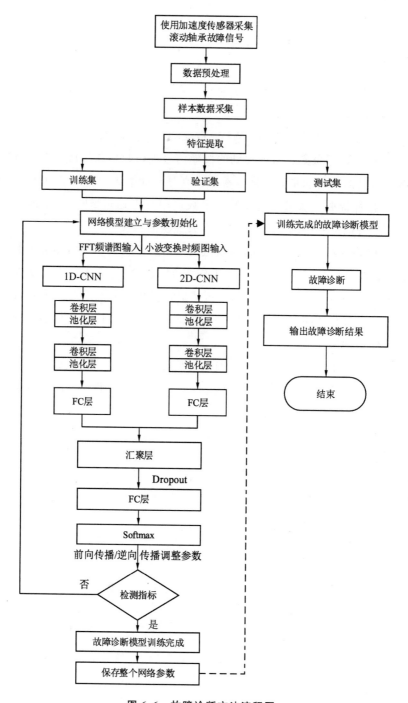

图 6.6 故障诊断方法流程图

6.4 实验验证

本章提出的基于深度学习的时频双通道轴承故障诊断方法采用的网络结构与第 4 章相似，即同时将两个维度的故障信息输入双通道卷积神经网络中。不同之处在于，第 4 章中 1D-CNN 的输入为原始一维信号，2D-CNN 的输入为原始一维信号归一化后通过简单排列形成的二维矩阵灰度图，而本章中 1D-CNN 的输入为原始一维信号经过 FFT 后转换成的 FFT 频谱图，2D-CNN 的输入则为经过小波变换处理的小波变换时频图。本章所提方法通过引入 FFT 和小波变换来对原始故障信号进行特征提取，虽然采用的卷积网络结构与第 4 章相似，但输入信息与网络模型的参数却有着巨大的差异，具体模型参数如图 6.5 所示。下面对本章所提方法的有效性与可行性进行验证。

6.4.1 实验数据描述

为了评估提出模型的故障分类性能，本章采用第 3 章的 CWRU 数据集进行实验，使用不同损伤类型和不同损伤程度的试验数据进行验证。本章所使用的故障轴承类型与第 3 章相同，不同之处在于将样本划分时所选用的样本数量设置为 2000，随着样本容量的增加，各个模型的准确率都在提升，这充分说明样本容量对模型泛化能力的影响是巨大的。第 4 章提出的方法模型在样本数量设置为 1000 时的表现并不是很好，有着欠拟合的风险，因此本章设置样本数量为 2000，并按照 7：2：1 的比例进行划分，分别用作训练集、测试集和验证集。具体样本分类情况如表 6.1 所示。

表 6.1 实验样本数据集

故障类型	故障标签	轴承状态	故障位置	故障直径/in	负载/hp	转速/$(r \cdot min^{-1})$	训练集	测试集	验证集
BF7	0	故障轴承	滚动体	0.007	0	1797	1400	400	200
BF14	1	故障轴承	滚动体	0.014	0	1797	1400	400	200

故障类型	故障标签	轴承状态	故障位置	故障直径/in	负载/hp	转速/($r \cdot min^{-1}$)	训练集	测试集	验证集
BF21	2	故障轴承	滚动体	0.021	0	1797	1400	400	200
IR7	3	故障轴承	内圈	0.007	0	1797	1400	400	200
IR14	4	故障轴承	内圈	0.014	0	1797	1400	400	200
IR21	5	故障轴承	内圈	0.021	0	1797	1400	400	200
OR7	6	故障轴承	外圈	0.007	0	1797	1400	400	200
OR14	7	故障轴承	外圈	0.014	0	1797	1400	400	200
OR21	8	故障轴承	外圈	0.021	0	1797	1400	400	200
NO	9	正常轴承	—	—	0	1797	1400	400	200

6.4.2　t-SNE 可视化分析

为了更加直观地观察本章诊断模型对故障特征的分类效果，本节引用 t-SNE 技术对部分样本集进行降维可视化。首先采用 t-SNE 技术对故障信号中的高维特征向量进行降维，然后对时频双通道 CNN 中的全连接层进行降维可视化，最后与未进行分类时的故障信号对比。t-SNE 效果图如图 6.7 所示，其中 10 类标签对应着轴承数据集中实验轴承的 10 种健康状态。

图 6.7a 为网络第一层未进行分类时的原始信号分布情况。从图中可以看出，在未进行分类时原始输入信号分布散乱，混淆程度高，不能够准确识别。图 6-7b 为应用了本章提出的诊断模型算法后各类故障特征在二维空间的分布情况。从图中可以看出，经过时频双通道 CNN 进行故障特征分类后，样本数据中各类故障特征与之前未进行分类时相比具有更小的分类误差，且不同类之间的距离变大，同类之间则更加紧密，混淆程度也变得最小。除了个别样本数据出现了误判的情况，其余没有发生不同类别样本混淆的现象，识别准确率达到 99.7%。

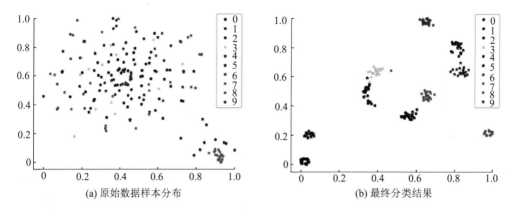

(a) 原始数据样本分布   (b) 最终分类结果

图 6.7   t-SNE 可视化数据处理

6.4.3   实验结果与对比分析

本节在对时频双通道 CNN 进行训练时，从算法模型损失函数和故障识别准确率两个方面进行对比和分析，分别使用 FFT 频谱图、小波变换时频图以及 FFT＋小波变换时频图的数据形式输入时频双通道 CNN 结构进行训练。

（1）不同模型训练过程对比分析

选用 6.4.1 节的数据集进行训练，比较不同方法训练时三者的损失函数。训练过程中使用的优化器为 SGD 函数，学习率为 0.005，迭代次数为 200 次。在数据集上使用不同方法训练的损失函数如图 6.8 所示，其中深色曲线和浅色曲线分别表示训练集和验证集上的损失函数。从图 6.8a 中可以看出，将 FFT 频谱图输入卷积结构中训练，损失函数曲线收敛速度较慢，前 80 个 epoch 中损失函数曲线波动幅度较大，到第 80 个 epoch 后才慢慢平衡且趋向于 0。从图 6.8b 中可以看出，将小波变换时频图输入卷积结构中训练，损失函数曲线收敛速度明显加快，波动幅度也大大减小。从图 6.8c 中可以看出，同时将 FFT 频谱图和小波变换时频图输入时频双通道 CNN 中进行训练，损失函数曲线收敛速度达到最快，在第 25 个 epoch 后就逐渐平稳且趋于 0，损失函数曲线波动也达到最小，不再有大的变动。结合 3 张图可以看出，本章提出的时频双通道 CNN 模型的性能明显优于使用单一特征进行输入的方法。

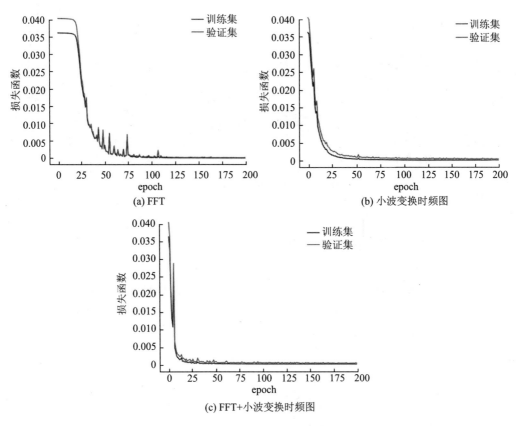

图 6.8　不同方法的损失函数

（2）不同模型方法识别准确率对比

　　对数据集中测试集和验证集识别准确率的效果进行可视化处理。如图6.9所示，图中深色曲线和浅色曲线分别代表训练集和验证集上的识别准确率。图 6.9a 所示为将 FFT 频谱图作为 1D-CNN 输入时的准确率曲线，可以看出准确率曲线收敛速度较慢，前 80 个 epoch 准确率曲线波动幅度较大，第 80 个 epoch 以后才慢慢趋于平稳。图 6.9b 所示为将输入小波变换时频图作为 2D-CNN 输入时的准确率曲线，可以看出准确率曲线收敛速度明显加快，波动幅度也大大减小，且准确率与图 6.9a 相比有所提升。从图 6.9c 中可以看出，同时将 FFT 频谱图与小波变换频谱图输入时频双通道 CNN 中，准确率曲线收敛速度达到最快，经过 20 次迭代后准确率曲线便趋于平稳，波动幅度也达到最小。实验表明，输入为 FFT 和小波变换时频图两种特征信息的时频双通道 CNN 模型相比单一特征信息、单一通道的 CNN 模型具有更高的识别准确率，能够获得更加理想的效果。

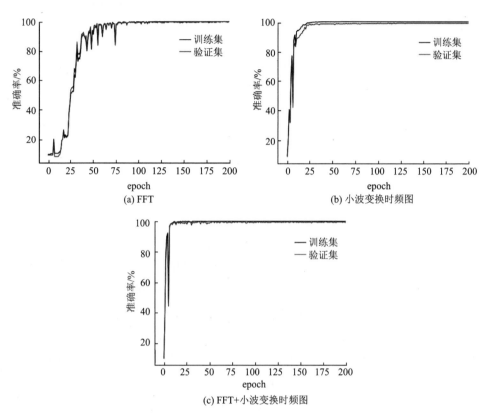

图 6.9 不同方法的识别准确率

6.4.4 与其他实验结果对比

将时频双通道 CNN 模型与 CNN＋决策树、AE-1D-CNN、EMD＋SVM、FFT＋1D-CNN、小波时频图＋2D-CNN 等 5 种模型进行对比。

表 6.2 为时频双通道 CNN 模型与上述不同方法的故障识别准确率的对比结果。从表 6.2 中可以看出，时频双通道 CNN 故障诊断方法的识别准确率高达 99.7％。与其他各类方法相比，其在故障诊断方面有着更高的准确率，模型性能最优。

表 6.2 不同方法的故障识别准确率

实验序号	诊断方法	识别准确率/%
1	CNN＋决策树	91.5
2	AE-1D-CNN	96.2
3	EMD＋SVM	91.9
4	FFT＋1D-CNN	98.6
5	小波时频图＋2D-CNN	99.0
6	FFT＋小波时频图＋双通道 CNN	99.7

6.5 本章小结

本章对第 4 章提出的双通道 CNN 与 SSA-SVM 诊断方法进行了改进，引入了时频双通道 CNN 方法。在时频双通道 CNN 中，将原始一维信号通过 FFT 转换成 FFT 频谱图作为 1D-CNN 的输入，利用小波变换充分挖掘数据深层信息的特点，将一维时序信号转换成二维时频图。本章首先简单介绍了 FFT 与小波变换的基础原理，对本章提出方法的可行性及科学性进行了阐述。然后采用与第 4 章类似的模型训练流程，通过 t-SNE 可视化技术对样本数据进行降维可视化，将分类效果更加直观地显示出来。最后对比了训练时频双通道 CNN 与输入单一特征的 CNN 结构时的损失函数及模型识别准确率。实验结果表明，本章所提方法通过时频分析技术使得该模型能够更加全面、细致地提取故障特征信息，与第 4 章提出的诊断模型相比具有更高的故障识别准确率。

参考文献

[1] AGREZ D. Weighted multipoint interpolated DFT to improve amplitude estimation of multifrequency signal [J]. IEEE Transactions on Instrumentation and Measurement，2002，51（2）：287-292.

[2] SHERLOCK B G. Windowed discrete Fourier transform for

shifting data [J]. Signal Processing，1999，74（2）：169-177.

[3] BARRUS C，PARKS T. DFT/FFT and convolution algorithms：theory and implementation [M]. Wiley Interscience Publication，1991.

[4] COOLEY J W，TUKEY J W. An algorithm for the machine calculation of complex Fourier series [J]. Mathematics of Computation，1965，19（90）：297-301.

[5] JAIN V K，COLLINS W L，DAVIS D C. High-accuracy analog measurements via interpolated FFT [J]. IEEE Transactions on Instrumentation and Measurement，1979，28（2）：113-122.

[6] 王鹏宇. 风力发电机组状态监控系统（CMS）上位机监控软件开发 [D]. 北京：北京交通大学，2014.

[7] 李力. 机械信号处理及其应用 [M]. 武汉：华中科技大学出版社，2007.

[8] 樊永生. 机械设备诊断的现代信号处理方法 [M]. 北京：国防工业出版社，2009.

[9] 刘刚，屈梁生. 应用连续小波变换提取机械故障的特征 [J]. 西安交通大学学报，2000，34（11）：74-77.

[10] 林京. 连续小波变换及其在滚动轴承故障诊断中的应用 [J]. 西安交通大学学报，1999，33（11）：108-110.

基于 AMCNN-BiGRU 的滚动轴承故障诊断方法

7.1 引言

机械设备的实际工作环境恶劣、负载多变，采集到的数据往往混杂着多种随机噪声，这对神经网络的学习能力提出了极大的挑战，严重影响了故障诊断的准确性。另外，不同负载工况下的机械设备可能会发生多种不同的故障，因此，评估所提出的模型是否具有适应多工况测试的能力也是非常重要的。同时，神经网络因其复杂的非线性模型结构和高维数据分布被称为"黑盒"，对神经网络的可解释性进行研究，可为其提供更准确、更直观且易于理解的可视化结果，从而解决神经网络的可解释性问题，提高轴承自动诊断设备的泛用性。因此，本章提出基于注意力模块的卷积神经网络－双向门控循环单元（AMCNN-BiGRU）的滚动轴承故障诊断方法，将两种不同的神经网络相结合，并引入注意力机制对提取的特征进行权重划分，从而降低冗余特征干扰，提高诊断准确率。

7.2 注意力机制

注意力机制最初由 DeepMind 提出，它通过聚焦于与任务相关的信息，减少对无关信息的关注，使得神经网络能够更好地处理输入信息。随后，Bahdanau 等将注意力机制引入机器翻译，实现了对齐和翻译的同步，为自然语言处理领域的研究提供了新的思路。自此，注意力机制被广泛应用于图像和语音识别、文本分类等领域，并取得了显著的成功。

近年来，将注意力机制引入卷积神经网络引起了研究人员的广泛关注，其中一个最具代表性的方法是 SE-net（挤压–激励网络）。SE-net 可以通过学习每个卷积模块的通道注意力来提高卷积神经网络的性能，但这需要更多的计算资源，往往会增加模型的复杂度。ECA-net（高效通道注意力改进）是基于 SE-net 的扩展。SE-net 和 ECA-net 的基本结构如图 7.1所示。相对于 SE-net，ECA-net 采用了一种无须对特征降维的局部跨通道交互方式，从而避免了降维对通道注意力的影响，同时适当的跨通道交互不仅能显著降低模型的复杂度，还能提高模型的性能。计算融合特征 y_i 的通道注意力仅考虑其 k 个相邻的通道集合，其计算公式如下：

$$\omega_i = \sigma\Big(\sum_{j=1}^{k} w_i^j y_i^j\Big), \quad y_i^j \in \Omega_i^k \tag{7-1}$$

式中：Ω_i^k 表示 y_i 的 k 个相邻通道的集合；ω_i 表示相应特征的权值矩阵；w_i^j 表示 y_i 的第 j 个通道注意力权值。

一种更为高效的方法是采用共享参数的方式，即让所有的通道共享相同的学习参数，其计算公式如下：

$$\omega_i = \sigma\Big(\sum_{j=1}^{k} w^j y_i^j\Big), \quad y_i^j \in \Omega_i^k \tag{7-2}$$

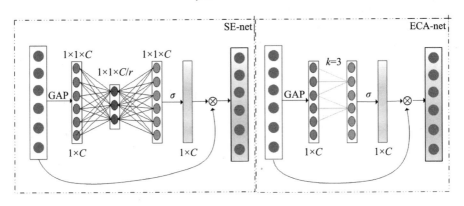

图 7.1　SE-net 和 ECA-net 结构

该方式可以通过 1D 卷积来实现，具体计算公式如下：

$$\omega = \sigma(C1D_k(y)) \tag{7-3}$$

式中：C1D 表示 1D 卷积，只涉及 k 个参数信息。该方法仅涉及极少的参数，可以实现明显的性能提升，有效地避免了模型的复杂性。同时，该模块对于局部跨通道交互的覆盖范围通过自适应选择一维卷积的核大小 k，避免了因人工选择带来的干扰。计算 1D 卷积核大小 k 的计算公式如下：

$$k = \Psi(C) = \left| \frac{log_2 C}{\gamma} + \frac{b}{\gamma} \right|_{odd} \qquad (7\text{-}4)$$

式中：C 表示特征通道总数；$|t|_{odd}$ 表示最接近 t 的奇数；γ 和 b 分别设置为 2 和 1。将 *ECA-net* 引入滚动轴承故障诊断领域，由于采集到的振动信号为一维数据，而 *ECA-net* 本身用于处理二维图像，所以将其输入由宽度、高度、通道数更改为宽度、通道数，同时将二维的全局池化操作更改为一维的全局池化操作。

7.3　AMCNN-BiGRU 模型结构及原理

本章提出的 AMCNN-BiGRU 模型结构如图 7.2 所示，包括卷积模块、注意力模块和分类器模块。该模型通过对采样后的原始信号进行特征提取以获得内部特征表示，然后利用注意力模块对所提取的不同特征进行权重划分，接着将具有不同权重的特征输入分类器进行故障分类，从而快速检测出滚动轴承出现异常时的故障类型。

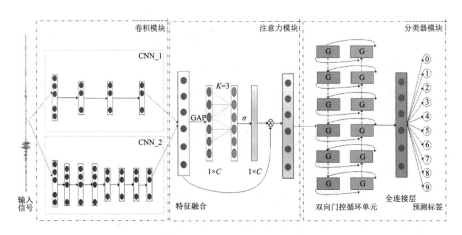

图 7.2　AMCNN-BiGRU 模型结构

卷积模块由两个不同大小和深度的一维 CNN 并行组成，这种设计可以更好地抑制高频噪声，同时多层的小卷积核可以使网络更深层，有助于获得输入信号的更好表示，提高网络性能。在卷积层之后、池化层之前添加批量归一化层不仅可以增强模型的泛化能力，而且可以降低过拟合的风险。

注意力模块在不增加参数的原则上可以对每个通道进行全局平均池化，然后使用局部跨通道交互策略（即使用卷积核大小为 k 的一维卷积）计算不同通道的权值并通过 Sigmoid 函数输出，接着将计算得到的权值和卷积模块所提取的特征进行逐元素乘积，最终得到新的带有权重的特征。

分类器模块采用 BiGRU 和全连接层，用于建构输入和输出之间的复杂非线性模型。BiGRU 能够通过正向、反向相结合的方式获取信号的时序信息，确保模型拥有双向的积聚依赖信息，实现对特征信息的丰富。特征信息包括原始信号的空间特征和时域特征，展平后可由 Softmax 函数将神经元输出转换为关于滚动轴承故障类型的概率分布。

7.4 实验设置

7.4.1 实验数据集

本章选用的实验数据仍选自 CWRU 数据集和 JNU 数据集，为了满足不同实验的需求，对两个数据集的数据划分如下。

CWRU 数据集中选取的振动信号数据主要来自放置在驱动端（DE）的加速度计，电机工况、采样频率和转速分别固定在 3 hp、48 kHz 和 1730 r/min。具体数据集描述如表 7.1 所示，从每类文件中读取 480000 个数据点，按照每类有 240 个长度为 2000 的样本进行裁剪，经过下采样操作后样本长度变为 250。将所有样本按照 7：1.5：1.5 的比例随机划分为训练集、测试集和验证集。其中，训练集样本数量为 1680 个，测试集和验证集样本数量均为 360 个，总计 2400 个样本，即每种状态仅包含 240 个样本。

JNU 数据集样本数量的划分和第 6 章相同，依旧选取 3 种不同电机转速的轴承振动信号数据，分别记为数据集 A、B 和 C。仅在从每个类别文件中读取数据点时有所不同，由原来读取 241000 个数据点变为读取 480000 个数据点。然后，按每类有 240 个长度为 2000 的样本进行裁剪，再经过下采样间隔为 7 的下采样操作后得到 240 个长度为 250 的样本。将所有样本用同样的比例随机划分为训练集、测试集和验证集，其中训练集样本数量为 672 个，验证集和测试集样本数量均为 144 个，总计 960 个样本，即每种状态仅包含 240 个样本。

表 7.1　CWRU 中 48 kHz 数据集划分

标签	类型	故障直径/in	样本数	原始样本长度	新样本长度
0	正常	—	240	2000	250
1	滚动体故障	0.007	240	2000	250
2	滚动体故障	0.014	240	2000	250
3	滚动体故障	0.021	240	2000	250
4	内圈故障	0.007	240	2000	250
5	内圈故障	0.014	240	2000	250
6	内圈故障	0.021	240	2000	250
7	外圈故障	0.007	240	2000	250
8	外圈故障	0.014	240	2000	250
9	外圈故障	0.021	240	2000	250

7.4.2　主要参数设置

在实验中，AMCNN-BiGRU 模型输入数据长度为 250，训练过程中采用 Adam 自适应优化器，Warm-up 预热策略，损失函数使用 Mean_squared_error 函数，学习率设置为 0.0006，Batch size 为 16，epoch 为 400。表 7.2 展示了模型关键层的参数设置，其中 Conv7 是注意力模块中的 1D 卷积层，k 表示在计算通道权重时需考虑的临近通道的个数，由式 (7-4) 根据通道数自动计算得出。

表 7.2　AMCNN-BiGRU 网络模型主要参数

网络层	核大小	核数量	输入	输出	参数量
Conv1	20	50	250×1	116×50	1050
Conv2	10	30	116×50	54×30	15030
BN1	—		54×30	54×30	216

续表

网络层	核大小	核数量	输入	输出	参数量
Pool1	2	—	54×30	27×30	—
Conv3	6	50	250×1	245×50	350
Conv4	6	40	245×50	240×40	12040
BN2	—	—	240×40	240×40	960
Pool2	2	—	240×40	120×40	—
Conv5	6	30	120×40	115×30	7230
Conv6	6	30	115×30	55×30	5430
BN3	—	—	55×30	55×30	220
Pool3	2	—	55×30	27×30	—
Conv7	k	1	30×1	30×1	k
BiGRU1	—	—	27×30	27×60	10980
BiGRU2	—	—	27×60	60×1	16380
Dense	—	—	60×1	30×1	610

7.5 基于 CWRU 数据集的实验验证

7.5.1 模型性能

为了评估 AMCNN-BiGRU 模型的性能，本小节在 CWRU 数据集上进行了多次实验，并绘制了相关实验结果的准确率图、损失值图和混淆矩阵图，如图 7.3 至图 7.5 所示。实验结果表明，该模型在很短的时间内就能迅速收敛，损失值很快降到 0.0011 以下，准确率稳定在 99.44% 左右，在此之后虽有小幅度波动的迹象，但随后就趋于稳定状态，准确率可达到 100%。这说明该模型学习振动信号的故障特征的能力强，可以在更短的时间内取得更好的诊断效果。

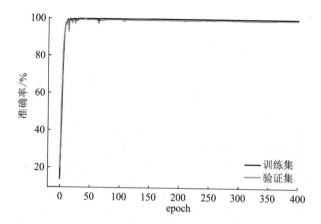

图 7.3 AMCNN-BiGRU 在 CWRU 上的准确率

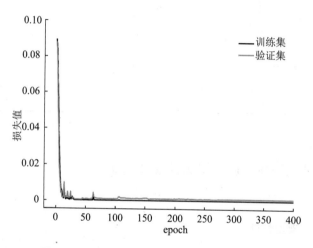

图 7.4 AMCNN-BiGRU 在 CWRU 上的损失值

　　图 7.5 为模型在测试数据集上的混淆矩阵图，图中横坐标为预测故障类型的标签（predict_label），纵坐标为实际故障类型的标签（true_label）。可以看到，除对角线之外所有数字均为 0，对角线上的数字均为 36，测试集共 360 个样本，说明所有样本都能够正确预测，没有出现误判的现象。

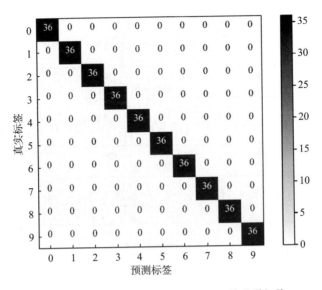

图 7.5　AMCNN-BiGRU 在 CWRU 上的混淆矩阵

7.5.2　噪声环境下的实验

　　轴承的工作环境通常是复杂多变的，在使用传感器对振动信号进行采集的过程中往往伴有不同程度的噪声干扰。虽然可以通过硬件来消除噪声，但是不能完全避免噪声的影响。这些噪声不仅会影响轴承故障诊断的准确度，还会与其他振动信号相互干扰，掩盖轴承本身的振动信号，特别是当信噪比（SNR）很低时，轴承振动信号几乎被完全淹没在噪声中，使得轴承故障的检测变得更加困难。SNR 的计算公式为

$$\mathrm{SNR}=10\times\lg\frac{P_s}{P_n} \tag{7-5}$$

式中：P_s 和 P_n 分别代表信号功率和噪声功率。

　　高斯白噪声是一种有效的模拟真实环境中噪声的方法，考虑到环境中噪声的强度不同，本小节引入了 7 种不同信噪比的噪声信号进行验证。图 7.6 为当信噪比 SNR 为 0 时的原始振动信号、噪声信号和混合信号的波形图。从图中可以明显看出，原有的振动信号已经被破坏，而噪声信号的干扰也使得提取故障信息变得十分困难。

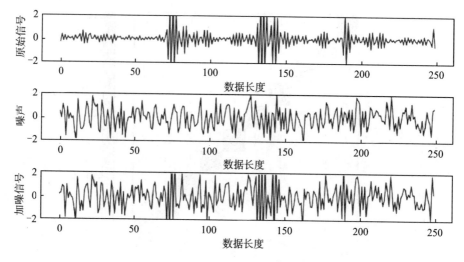

图 7.6 复合噪声信号波形图

为了检验 AMCNN-BiGRU 模型在噪声环境中的抗干扰能力，本实验将该模型与其他经典模型进行了比较，并分别在信噪比为 -2，0，2，4，6，8，10 的情况下对它们的故障诊断表现进行了评估。

其中，CNN、LSTM 和 BiGRU 模型的网络结构尽量保持与 MCNN-LSTM 和 AMCNN-BiGRU 模型对应的模块相同。为了保证实验的可靠性，部分相关超参数的设置与模型的详细介绍可以参见表 7.3。

表 7.3 不同模型的相关参数

模型	主要结构参数配置	epoch	Batchsize	Lr
CNN	In[250×1]−{50C[20×1]−30C[10×1]−P[2×1],50C[6×6]−40C[6×6]−30C[6×6]−30C[6×6]−P[2×1]}−De[10]	400	16	0.0006
LSTM	In[250×1]−Ls[60]−Ls[30]−De[10]	400	16	0.0006
BiGRU	In[250×1]−Big[30]−Big[30]−De[10]	400	16	0.0006
MCNN-LSTM	In[250×1]−{50C[20×1]−30C[10×1]−P[2×1],50C[6×6]−40C[6×6]−30C[6×6]−30C[6×6]−P[2×1]}−Ls[60]−Ls[30]−De[10]	400	100	0.0006
AMCNN-BiGRU	In[250×1]−{50C[20×1]−30C[10×1]−P[2×1],50C[6×6]−40C[6×6]−30C[6×6]−30C[6×6]−P[2×1]}−ECA-net-Big[30]−Big[30]−De[10]	400	16	0.0006

以 CNN 为例，网络结构可以表示为：In［250×1］、50C［20×1］、P［2×1］、De［10］。其中，In［250×1］表示输入层的大小为 250×1；50C［20×1］表示有 50 个尺寸为 20×1 的卷积核；P［2×1］表示池化层的大小为 2×1；De［10］表示有 10 个神经元的 Dense 层；花括号表示包含两个并行的卷积通道。

图 7.7 根据实验结果绘制了这 5 种方法在不同噪声环境下的准确率对比图。由图可以看出，随着 SNR 的增加，每个模型的准确率都在稳步提升。当 SNR＝−2 时，LSTM 的准确率最低仅为 68.06％，AM CNN-BiG-RU 与 BiGRU 模型可以取得相对较好的结果，但也只有 80％左右。由此可以看出，在高噪声环境下，模型的诊断效果均有待提高。当 SNR 超过 4 时，另外 4 种模型的准确率相差不大，而 AMCNN-BiGRU 模型的准确率提高了 8％左右。在 SNR＝10 时，所有模型均可以取得 90％以上的准确率，具有较好的诊断结果，其中 AMCNN-BiGRU 模型的准确率更是达到了 99.55％，基本可以忽略噪声的影响，证明 AMCNN-BiGRU 模型具有很好的鲁棒性。

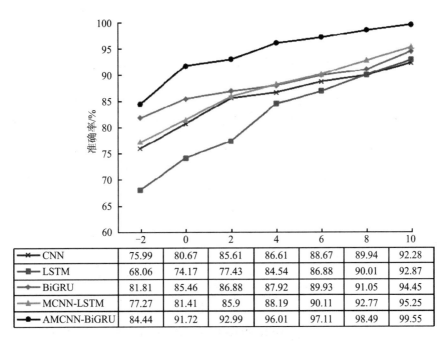

	−2	0	2	4	6	8	10
CNN	75.99	80.67	85.61	86.61	88.67	89.94	92.28
LSTM	68.06	74.17	77.43	84.54	86.88	90.01	92.87
BiGRU	81.81	85.46	86.88	87.92	89.93	91.05	94.45
MCNN-LSTM	77.27	81.41	85.9	88.19	90.11	92.77	95.25
AMCNN-BiGRU	84.44	91.72	92.99	96.01	97.11	98.49	99.55

图 7.7　不同噪声环境下的多种模型准确率对比图

7.6 基于 JNU 数据集的实验验证

7.6.1 模型性能

为了全面评估 AMCNN-BiGRU 模型的性能和通用性，本小节在 JNU 数据集上也进行了多次实验，并绘制了相关结果的准确率图、损失图和混淆矩阵图，如图 7.8 至图 7.10 所示。实验结果表明，模型的收敛速度很快，经过少数轮训练，模型的损失值就能快速下降到 0.0014 以下，准确率保持在 99.31% 左右。

虽然模型出现了两次波动，但经过 120 轮训练后模型处于稳定状态，可以将这两次波动看作训练过程中的噪声，而不是模型训练失败或出现严重问题。对波动前后的结果进行分析，发现训练集准确率略高于验证集，出现两次异常波动可能是数据集中的一些异常值或噪声导致的，在训练过程中，模型可能会过度拟合训练集，从而导致验证集的准确率低于训练集。最后依然稳定是由于模型采用正则化机制，它有助于减轻过拟合的影响。这表明本模型具有很好的适用性，可用于不同的数据集，并具有较好的诊断效果。

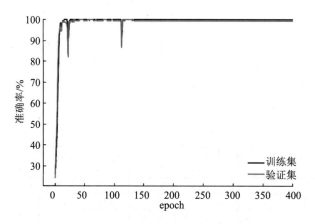

图 7.8 AMCNN-BiGRU 在 JNU 上的准确率

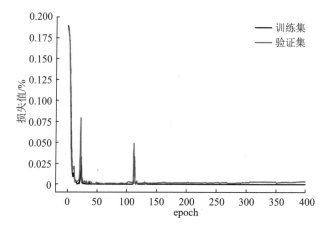

图 7.9　AMCNN-BiGRU 在 JNU 上的损失值

图 7.10 为模型在测试数据集上的混淆矩阵图，可以看到对角线上的数字依然均为 36，说明所有样本都能够正确预测，没有出现误判的现象。

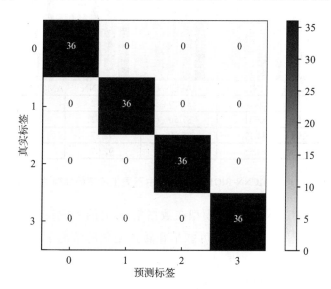

图 7.10　AMCNN-BiGRU 在 JNU 上的混淆矩阵

7.6.2　不同工况下的实验

为了证明 AMCNN-BiGRU 模型在不同负载下依然能够保持较高的准确率，本小节对不同转速的数据集 A、B、C 分别进行实验，同时将该模型与一些改进的 CNN 模型进行对比，诊断结果如图 7.11 所示。由图可以看出，AMCNN-BiGRU 模型明显优于其他三种模型，能达到 100％的准确率。尤其是在数据集 B、C 上，AMCNN-BiGRU 模型的准确率比 CNN 模型高出 15％左右，具有显著提升。对于改进后的 GAPCNN 和 ECACNN 两种模型，诊断准确率相较于原始的 CNN 模型有一定的效果提升，但是仍比所提出的模型低 6％左右。这说明 AMCNN-BiGRU 模型能够在不同负载情况下对轴承健康状态进行诊断，并且具有较高的诊断准确率。

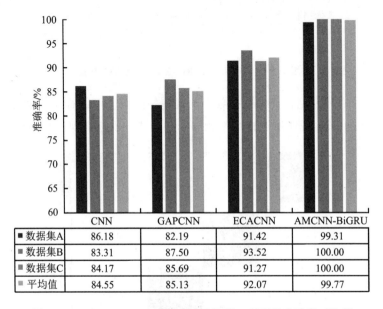

	CNN	GAPCNN	ECACNN	AMCNN-BiGRU
■数据集A	86.18	82.19	91.42	99.31
■数据集B	83.31	87.50	93.52	100.00
■数据集C	84.17	85.69	91.27	100.00
平均值	84.55	85.13	92.07	99.77

图 7.11　AMCNN-BiGRU 在 JNU 中不同工况下的准确率对比图

然而，AMCNN-BiGRU 模型在数据集 A 上的表现稍差，诊断准确率仅达到 99.31％，究其原因，可能是在转速变化的情况下，振动信号的频率也会随之发生变化，当振动信号长期处于非周期性变化时，采用固定的重叠下采样参数可能降低了转速变化对信号频率的影响。

7.7　可视化及可解释性

神经网络模型之所以被视为"黑盒"，是因为其内部的运行机制通常很难理解。为了更好地理解模型每层的操作过程，以将 CWRU 数据集中外圈故障的振动信号作为模型输入信号为例，对模型分类过程中每一层神经元的激活状态进行了可视化，使用亮度渐变的方式来显示神经元的激活程度，如图 7.12 所示。

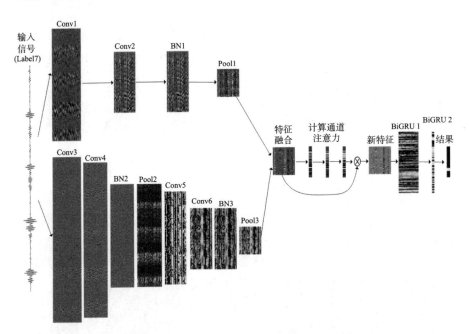

图 7.12　内圈故障信号在 AMCNN-BiGRU 模型所有层的神经元表达

这种可视化方式能够帮助我们理解模型如何从原始的难以理解的振动信号逐步转化为最终输出的故障标签。低层可以很好地包含原始振动信号的振荡信息，但随着层数的加深，所提取的特征越来越抽象，关于类别的内在信息也越来越多，到最后一层则仅包含类别的关键信息，即对应的故障标签。

同时，为了验证所提出的方法能够自动地从原始振动信号中提取特征而无需人工处理，本节引入了可视化样本在 AMCNN-BiGRU 模型上的神经元表达。10 种状态的轴承故障信号在经过注意力模块前、后的神经元激活表达如图 7.13 和图 7.14 所示。比较这两个图可以看出，在经过注意力模块后，不同故障类型的信号激活 AMCNN-BiGRU 第二个特征融合层的神经元个数与位置也不相同。结果表明，该方法可以在没有人工干预的情况下从原始振动信号中自动提取相应的特征。

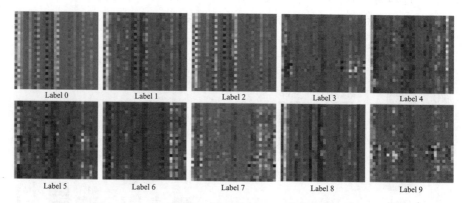

图 7.13　10 种故障特征经过注意力模块前的神经元表达

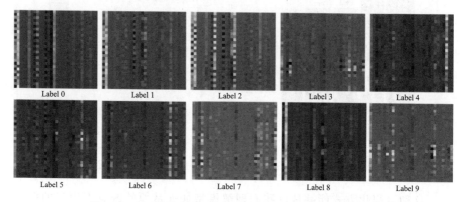

图 7.14　10 种故障特征经过注意力模块后的神经元表达

　　为了更直观地展示 AMCNN-BiGRU 模型的故障诊断能力,采用基于 t-SNE 的非线性降维方法将数据映射到低维空间,并对结果进行可视化。如图 7.15 所示,每个点代表一个样本,不同的颜色表示不同的故障标签。

　　由图 7.15 可以看出,随着模型的不断深入,不同标签之间的聚类边界逐渐清晰,可分性越来越好。通过比较前三张小图可以看出,卷积模块初步提取了特征,但部分标签冗杂在一起难以区分,如标签 3、5、9 和标签 6、7。而经过 ECA-net 注意力模块后,这些标签可以很好地被区分出来,但仍存在边界不明显的问题。最后,通过 BiGRU 分类器模块提取不同位置的隐藏特征对样本进行分类。这说明注意力模块的引入有助于对轴承故障类型进行分类,且 AMCNN-BiGRU 模型最终能够对所有样本进行正确诊断。

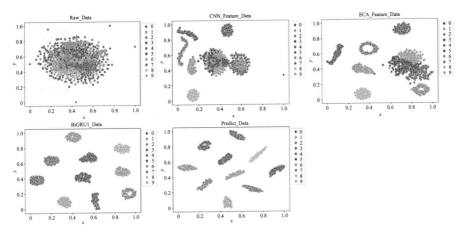

图 7.15 基于 t-SNE 方法的不同层特征可视化

为了更好地解释注意力机制对模型性能的提升效果，采用 Grad_CAM 可视化方法来提取注意力机制的卷积核特征图，进而计算出类激活映射图，并通过叠加热力图来可视化模型学到的注意力机制，显示哪些区域对于分类结果最为关键，帮助理解神经网络在诊断任务中的决策过程。如图 7.16 所示，不同颜色的区域表示不同级别的注意力值，颜色越深表示该区域的注意力值越高，即对于分类结果的影响更大。

通过观察类激活映射图可以发现，随着信号注意力值的提高，故障的振动信号中对应区域的特征区分度也随之增强。针对每个故障的振动信号，虚线矩形框圈出了值较高的部分，这些部分是模型判断故障类型的关键区域，说明注意力机制可以有效区分不同区域的特征权重，进而提高模型的诊断准确率。

如正常状态（Label 0）下仅有前端少许部分信号的注意力值处于 $[0.8, 1.0]$ 范围内（用虚线框框出），其他大部分信号基本都处于中等级别，表示正常状态下的振动信号对于模型诊断过程均很重要。而不同的故障状态下，类激活映射的值多处于级别的两端以及部分峰值处，表明某些特征（即对应故障区域的振动信号）对于诊断结果的影响更具有决定性，而其他特征的影响相对较小。这进一步说明注意力机制可以有效区分不同区域的表征能力，提高模型的诊断准确率。

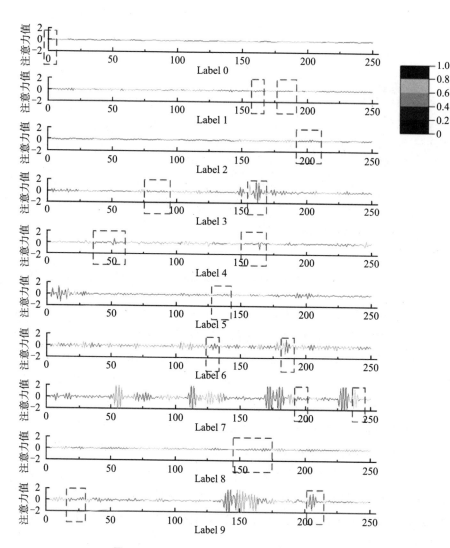

图 7.16 Grad-CAM 下 10 种轴承状态的可视化

7.8   本章小结

针对现有的滚动轴承故障诊断方法不适于受噪声干扰严重的信号，容易忽略时序特征信息且缺乏一定可解释性的问题，本章提出了一种基于注意力模块的卷积神经网络－双向门控循环单元（AMCNN-BiGRU）模型。

该模型能够有效地利用卷积神经网络提取空间特征，利用门控循环单元提取时间特征的能力，并通过注意力机制对所提取的特征进行加权，从而避免冗余特征对诊断结果的干扰。同时，通过一系列可视化操作生动地展示了模型如何根据振动信号逐步做出正确预测的过程，增强了模型的可解释性。

本章采用了两个广泛使用的数据集来验证 AMCNN-BiGRU 模型的有效性，并对其结果进行了详细的分析和讨论。实验结果表明：

① 在 CWRU 数据集中，AMCNN-BiGRU 模型可以达到 100% 的诊断准确率，同时在信号中添加高斯白噪声来模拟噪声环境下采集到的数据，与其他四种方法相比，本模型表现出很好的抗干扰能力，在不同信噪比下仍能保持最高的准确率。

② 在 JNU 数据集中，面对不同的负载工况条件下的数据，故障诊断准确率基本达到 100%。与其他三种方法相比，本模型的准确率最少提高了 6%，最多提高了 16%。

③ 通过多种可视化操作，验证了注意力机制可以有效地划分特征权重，降低冗余特征的干扰，从而提高诊断准确率。这些实验结果表明 AMCNN-BiGRU 模型在故障诊断领域具有很好的应用前景。

🔗 参考文献

[1] GUO M H, XU T X, LIU J J, et al. Attention mechanisms in computer vision：a survey [J]. Computational Visual Media，2022，8 (3)：331-368.

[2] BAHDANAU D, CHO K, BENGIO Y. Neural machine translation by jointly learning to align and translate [EB/L]. (2016-05-19) [2023-03-20] http：//arxiv. org/abs/1409. 0473. 2015.

[3] WANG Q L, WU B G, ZHU P F, et al. ECA-Net：efficient channel attention for deep convolutional neural networks [C] //2020 IEEE/CVF Conference on Computer Vision and Pattern Recognition. Seattle：IEEE，2020：11531-11539.

[4] IOFFE S, SZEGEDY C. Batch normalization：accelerating deep

network training by reducing internal covariate shift ［EB/L］. （2015－02－11）［2023－03－20］http：//arxiv. org/abs/1502. 03167.

　　［5］ SELVARAJU R R，COGSWELL M，DAS A，et al. Grad-CAM：visual explanations from deep networks via gradient-based localization ［J］. International Journal of Computer Vision，2020，128 （2）：336－359.

8 基于重叠下采样和多尺度卷积神经网络的轴承故障诊断方法

8.1 引言

目前，轴承故障多采用振动信号分析法进行诊断，这是因为有损伤的轴承在工作时有特殊的振动频率，并且振动信号中隐藏着大量的轴承特征信息。但考虑到在某些情况下采集到的振动信号数据较为有限，或即使振动信号数据充足但网络模型训练时间较长，因而提出了一种新颖的数据增强方法。由于卷积神经网络（CNN）能够自适应地提取特征，而无需人为干预，所以被广泛应用于特征提取。然而，传统的 CNN 多是单一拓扑结构，在提取特征时会面临缺乏多样性和鲁棒性的问题，导致出现部分信息丢失的情况。同时，不同转速和工况下的轴承故障特征各不相同，单一尺度的卷积核难以应对变工况下的故障诊断。因此，本章提出一种基于重叠下采样和多尺度卷积神经网络（multi-scale convolutional neural network, MCNN）的故障诊断方法。该方法使用三个并行的具有不同尺度的一维卷积层对振动信号进行特征提取，使提取到的故障特征更加全面和完整，从而有效地解决传统方法依赖人工提取特征和特征提取能力不强的问题。

8.2 卷积神经网络

卷积神经网络是一种由卷积层、池化层和全连接层等组成的神经网络模型。该模型的主要特点是通过学习权重参数和偏置的神经元，对输入信号进行逐层的特征提取和非线性变换，最终生成输出结果。在卷积神经网络中，卷积和池化通常以交替出现的方式组成卷积组，在逐层的特征提取过程中不断减小特征图的尺寸和数量，最终生成全连接层的输入。通过这样的层次化结构，卷积神经网络能够高效地处理高维度的输入数据，并取得良好的分类和识别效果。

8.2.1 卷积层

作为卷积神经网络的核心层之一，卷积层具有自适应地提取输入信号特征的能力，无须人工选择特征。卷积层最显著的两个优点是权值共享和局部连接，这些优点有效地减少了网络参数数量，使得卷积运算变得更加简单、高效，同时还可以避免过度拟合的问题。卷积运算的具体公式如下：

$$X_j^l = f\left(\sum_{i \in M_j} X_i^{l-1} * w_{ij}^l + b_j^l\right) \tag{8-1}$$

式中：M_j 为多个特征图组成的集合；X_i^{l-1} 为第 $l-1$ 层网络的第 i 个卷积核的输入；w_{ij}^l 为权值；b_j^l 为偏置；$f(\ )$ 为非线性激活函数；$*$ 为卷积操作。

在一维卷积操作中，卷积核对输入层信号进行逐一滑动，每个卷积核都会执行一次卷积运算。以图 8.1 为例，共有 3 个卷积核，输入信号的大小为 7×1，卷积核的大小为 3×1，每次移动步长为 1。对于第一个卷积核，首先将其与输入信号逐一相乘，再求和得到卷积结果 y_1^1，接着按照步长为 1 的间隔依次移动，对下一个窗口进行相同的运算，直到遍历完整的输入信号。然后进行第二个和第三个卷积核的卷积运算，直到所有的卷积核完成计算。

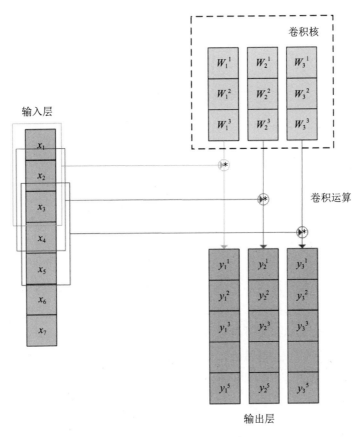

图 8.1 一维卷积操作示意图

激活函数是卷积层的最后一个组成部分，通过使用不同类型的激活函数，可以对数据进行非线性变换，增加网络的表达能力。这种非线性变换可以使神经网络具有更强的拟合能力，从而更好地处理复杂的非线性函数。图 8.2 展示了常用的一些激活函数，这些激活函数的计算公式如下：

$$a_j^i = \mathrm{Sigmoid}(y_j^i) = \frac{1}{1 + \mathrm{e}^{-y_j^i}} \tag{8-2}$$

$$a_j^i = \mathrm{Tanh}(y_j^i) = \frac{\mathrm{e}^{y_j^i} - \mathrm{e}^{-y_j^i}}{\mathrm{e}^{y_j^i} + \mathrm{e}^{-y_j^i}} \tag{8-3}$$

$$a_j^i = \mathrm{ReLU}(y_j^i) = \max(0, y_j^i) \tag{8-4}$$

$$a_j^i = \mathrm{ELU}(y_j^i) = \begin{cases} y_j^i, & x > 0 \\ a(\mathrm{e}^{y_j^i} - 1), & x \leqslant 0 \end{cases} \tag{8-5}$$

式中：y_j^i 为卷积核输出值；a_j^i 为 y_j^i 经过激活函数计算得到的值。

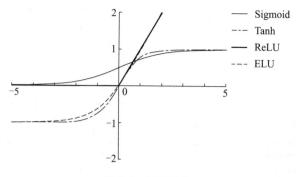

图 8.2 激活函数

8.2.2 池化层

池化层通常被添加在卷积层之间，用于减小输出特征图的尺寸和降低维度，从而降低网络的计算复杂度和减少参数量，同时有助于防止过拟合现象的发生。池化操作通过对输入特征图进行聚合和下采样来实现，可以有效地提取关键特征并保留最有用的信息，进而提升网络的性能和泛化能力。具体的池化过程如图 8.3 所示。

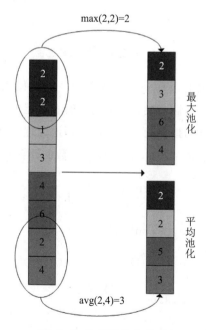

图 8.3 池化操作示意图

常见的池化方式有最大池化和平均池化两种，具体公式如下：

$$p^{l(i,j)} = \max_{(j-1)W+1 \leqslant t \leqslant jW} \{a^{l(i,t)}\} \tag{8-6}$$

$$p^{l(i,j)} = \frac{1}{W} \sum_{t=(j-1)W+1}^{jw} a^{l(i,t)} \tag{8-7}$$

式中：$a^{l(i,t)}$ 为第 l 层第 i 个特征图的第 t 个神经元的激活值；W 为池化区域宽度。

在一维时间序列任务中，最大池化的性能通常优于平均池化，因此选用最大池化方式，对输入的特征进行局部极大值运算。

8.2.3　全连接层

在卷积神经网络中，全连接层是将通过卷积和池化层提取出的局部特征经过权值矩阵和偏置向量进行矩阵乘积运算，从而生成一个新的特征向量，并利用激活函数对其结果进行非线性变换。通常采用 Softmax 函数进行多分类，以输出概率最大的类别。图 8.4 为全连接层的示意图。

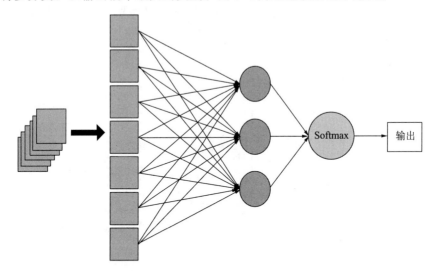

图 8.4　全连接层示意图

全连接层的前向传播计算公式如下：

$$a_j = f\left(\sum_{i \in M_j} x_i w_{ij} + b_j\right) \tag{8-8}$$

式中：x_i 为输入全连接层的特征图；w_{ij} 为权值；b_j 为偏置；$f(\ )$ 为非线性激活函数。

多分类函数常用的是 Softmax 函数，其值在 0 到 1 之间，和为 1，计算公式如下：

$$f(y_i) = \frac{\exp(y_i)}{\sum\limits_{i=1}^{c} \exp(y_i)} \tag{8-9}$$

式中：$y_i = \sum x_i w_{ij} + b_j$ 为全连接层的值。

8.3　多尺度卷积神经网络模型结构及原理

多尺度卷积层是神经网络模型的重要组成部分，由 3 个并行的一维卷积层构建而成，如图 8.5 所示。该模块包括 3 个并行的分支，每个分支使用不同大小和数量的卷积核，首先从振动信号数据中提取不同尺度的故障特征向量，用于区分不同故障类型，从而提高故障诊断的准确率。然后将这些特征向量融合成一个新的特征向量，作为下一层的输入。最后通过逐元素乘积的方式来融合不同分支的特征向量，以保留每个分支提取的特征，同时消除不必要的信息，从而增强特征的表达能力。

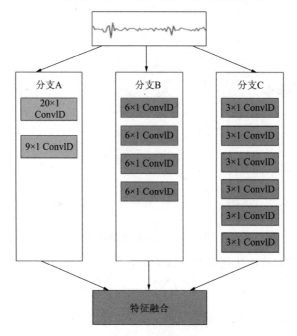

图 8.5　多尺度卷积层结构

MCNN 模型的基本结构如图 8.6 所示，它主要由输入层、多尺度卷积层、特征融合层、全局平均池化层和输出层构成。其中，多尺度卷积层可以有效提取不同尺度的特征信息，特征融合层则采用逐元素乘积的方式融合三个并行的一维卷积层所提取的故障特征。

　　与传统的全连接层相比，全局平均池化层可以有效减少参数量并防止过拟合，同时还能保留前面各个卷积层和池化层提取到的语义信息。全局平均池化层的作用是对卷积层输出的特征图进行平均池化操作，得到一个特征向量来代表该特征图中所有像素的特征。这样的操作可以减少模型的参数数量，防止过拟合。

　　最后，通过 Softmax 函数将神经元输出转换为关于滚动轴承故障类型的概率分布，以实现故障诊断。

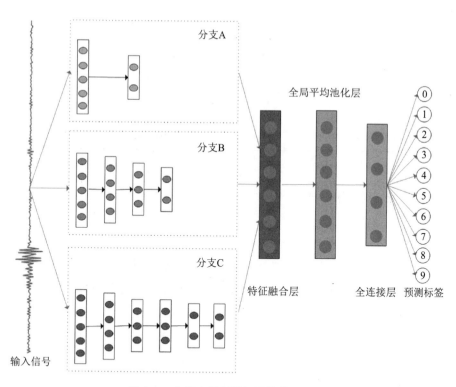

图 8.6　多尺度卷积神经网络模型结构

8.4　实验设置

8.4.1　实验环境

本书所有实验都在同一台电脑上完成，其相关硬件配置信息如表 8.1 所示。实验选用 TensorFlow 和 Keras 作为后端，在 Anaconda 的 Jupyter Notebook 开发平台中进行所提方法网络模型的搭建以及相关可视化操作。

表 8.1　运行环境基本配置信息

配置项	参数
处理器（CPU）	AMD Ryzen 7 5800H、Radeon Graphics 8.20 GHz
运行内存	16 GB
显卡	NVIDIA GeForce GTX1650
操作环境	Tensorflow1.12.0，Keras2.2.4，Python8.6

8.4.2　重叠下采样

数据增强是深度学习研究中常用的一种方法，通过应用特定规则来增加样本数量，可有效抑制过拟合现象，提高模型的泛化能力。例如，在图像领域中，可以通过平移、裁剪、缩放甚至是改变图像的灰度、饱和度等方式来增加样本数量。然而，对于具有周期性和时序性的一维序列来说，图像领域中的一些数据增强方式并不适用。重叠采样的方法被广泛应用于一维序列的数据增强，即对一维序列进行采样时，相邻样本之间会存在重叠的部分。同时，考虑到采用的实验数据是连续测量的序列信号，正常情况下每位数据点与其相邻的数据点是高度相似的，因此，为了有效减少神经网络的输入量（即每个样本的数据量）以提高神经网络模型的训练效率，本书提出了一种新的重叠下采样方法，在对数据进行增强的同时减少每个样本的数据量，即从原始振动信号中提取样本时，先采用重叠采样方法，计算公式如下：

$$SN = \frac{L_1 - L_2}{Step} + 1 \qquad (8\text{-}10)$$

式中：SN 为样本数量；L_1 为原始振动信号长度；L_2 为滑动采样窗口长度（即样本长度）；Step 为步长。

再对每个样本进行下采样操作，计算公式如下：

$$L_3 = \frac{L_2}{n+1} \qquad (8\text{-}11)$$

式中：L_3 为新样本长度；n 为下采样间隔位数。

图 8.7 展示了本方法的采样流程。举例来说，如果原始振动信号长度为 121000，选择样本长度为 2000，步长为 1000，那么最多可以生成 120 个样本。通过设置下采样间隔位数为 7，可以将样本长度缩减为 250。

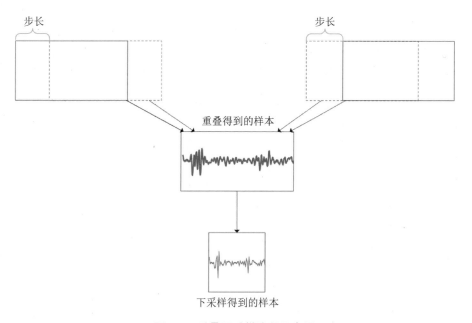

图 8.7　重叠下采样流程示意图

8.4.3　实验数据集

本章使用的实验数据来源已经在第 2 章给出了相关介绍，为了满足不同实验的需求，对两个数据集的数据按如下方式划分。

CWRU 数据集选用采样频率为 12 kHz 的振动信号数据，共有 4 种运行环境，分别是：电机工况为 0 hp，对应转速为 1797 r/min；电机工况为 1 hp，对应转速为 1772 r/min；电机工况为 2 hp，对应转速为 1750 r/min；电机工况为 3 hp，对应转速为 1730 r/min。分别记作数据集 A、B、C、D。

每个工况下有 10 个存储轴承振动信号数据的文件，对应 10 个轴承健康状态，轴承健康状态有 4 种，分别为正常、外圈故障、内圈故障和滚动体故障。其中，每种故障又包含 0.021，0.014，0.007 in 3 种不同的故障直径。为了便于后续实验，先使用标签 0~9 依次对其进行标记。从每个文件中读取 121000 个数据点，然后使用步长为 1000 的重叠采样划分出 120 个长度为 2000 的样本，再经过下采样间隔为 7 的下采样操作得到 120 个长度为 250 的样本。

按照 7∶1.5∶1.5 的比例将所有样本随机划分为训练集、验证集和测试集，以便对模型进行训练、验证和测试。其中，训练集样本数量为 840 个，验证集和测试集样本数量均为 180 个，总计 1200 个样本，即每种状态仅包含 120 个样本。具体划分如表 8.2 所示。

表 8.2　CWRU 数据集中 12 kHz 数据集划分

数据集	工况	标签	类型	故障直径/in	样本数	原始样本长度	新样本长度
A/B/C/D	0/1/2/3	0	正常	—	120	2000	250
A/B/C/D	0/1/2/3	1	外圈故障	0.021	120	2000	250
A/B/C/D	0/1/2/3	2	外圈故障	0.014	120	2000	250
A/B/C/D	0/1/2/3	3	外圈故障	0.007	120	2000	250
A/B/C/D	0/1/2/3	4	内圈故障	0.021	120	2000	250
A/B/C/D	0/1/2/3	5	内圈故障	0.014	120	2000	250
A/B/C/D	0/1/2/3	6	内圈故障	0.007	120	2000	250
A/B/C/D	0/1/2/3	7	滚动体故障	0.021	120	2000	250
A/B/C/D	0/1/2/3	8	滚动体故障	0.014	120	2000	250
A/B/C/D	0/1/2/3	9	滚动体故障	0.007	120	2000	250

JNU 数据集共包括 3 种不同电机转速的轴承振动信号数据，分别为 600，800，1000 r/min，并根据转速将其划分为数据集 a、b、c。每个转速

下含有 4 个存储轴承振动信号数据的文件，对应 4 个轴承健康状态，分别为正常、外圈故障、内圈故障和滚动体故障。

从每个类别文件中读取 241000 个数据点，然后使用步长为 1000 的重叠采样划分出 240 个长度为 2000 的样本，再经过下采样间隔为 7 的下采样操作，得到 240 个长度为 250 的样本。用同样的比例将所有样本随机划分为训练集、验证集和测试集，用于模型训练、验证和测试。其中，训练集样本数量为 672 个，验证集和测试集样本数量均为 144 个，总计 960 个样本，即每种状态仅 240 个样本。具体描述如表 8.3 所示。

表 8.3   JNU 数据集划分

数据集	电机转速/ （r·min^{-1}）	类型	标签	样本数	原始样本长度	新样本长度
a	600	正常	0	240	2000	250
a	600	内圈故障	1	240	2000	250
a	600	外圈故障	2	240	2000	250
a	600	滚动体故障	3	240	2000	250
b	800	正常	0	240	2000	250
b	800	内圈故障	1	240	2000	250
b	800	外圈故障	2	240	2000	250
b	800	滚动体故障	3	240	2000	250
c	1000	正常	0	240	2000	250
c	1000	内圈故障	1	240	2000	250
c	1000	外圈故障	2	240	2000	250
c	1000	滚动体故障	3	240	2000	250

8.4.4   主要参数设置

在实验中，MCNN 模型的输入数据的长度为 250，重叠下采样的间隔设置为 7，Batch size 设置为 16，epoch 设置为 400，采用批量归一化方式，损失函数使用 Mean_squared_error 函数。使用 Warm-up 预热策略和 Adam 自适应优化算法，在训练过程中动态调整学习率。其中，初始学习率设置为 0.0006，衰减率设置为 0.0002，预热周期设置为 10。为了防止实验结果具有随机性，每个实验运行 5 次，选择出现频次最多的结果为最终结果。

表 8.4 展示了 MCNN 模型的关键层参数设置，如卷积核的大小、数量及输入、输出的尺寸，以及每一层所含的参数量。图 8.8 为模型的可视化结构图，展示了数据先经过 3 个分支进行特征提取，再进行特征融合，最后输出结果的过程。

表 8.4　MCNN 网络模型主要参数

网络层	核大小	核数量	输入	输出	参数量
Conv1	20	50	250×1	116×50	1050
Conv2	9	30	116×50	54×30	13530
BN1	—	—	54×30	54×30	216
Pool1	2	—	54×30	27×30	—
Conv3	6	50	250×1	245×50	350
Conv4	6	40	245×50	240×40	12040
BN2	—	—	240×40	240×40	960
Pool2	2	—	240×40	120×40	—
Conv5	6	30	120×40	115×30	7230
Conv6	6	30	115×30	55×30	5430
BN3	—	—	55×30	55×30	220
Pool3	2	—	55×30	27×30	—
Conv7	3	50	250×1	248×50	200
Conv8	3	40	248×50	246×40	6040
BN4	—	—	246×40	246×40	984
Pool4	2	—	246×40	123×40	—
Conv9	3	30	123×40	121×30	3630
Conv10	3	30	121×30	119×30	2730
BN5	—	—	119×30	119×30	476
Pool5	2	—	119×30	59×30	—
Conv11	3	30	59×30	57×30	2730
Conv12	3	30	57×30	55×30	2730
BN6	—	—	55×30	55×30	220
Pool6	2	—	55×30	27×30	—
Gap	—	—	27×30	30×1	—
Dense	—	—	30×1	10×1	310

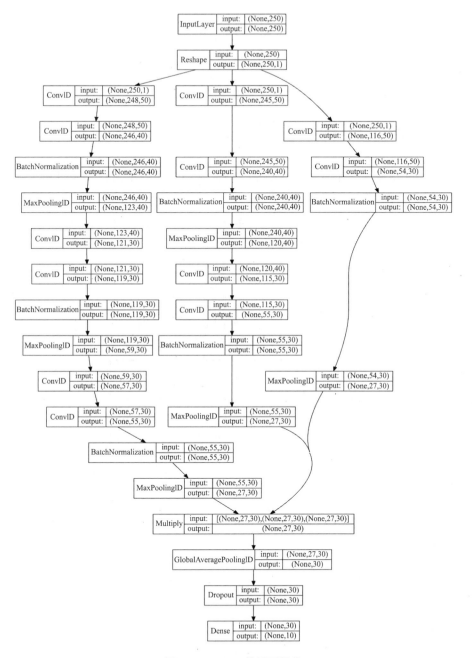

图 8.8　MCNN 模型可视化

每个分支中均加入了批量归一化层，使得神经网络中的每个神经元输入的分布保持稳定，这有助于提高训练速度和模型的泛化能力。此外，使用全局平均池化层替代传统的全连接层，只需要计算每个特征图的均值，可大幅减少模型的参数数量，将原来的 8110 个参数减少为只有 310 个，从而降低过拟合的风险，同时也可以提高模型的泛化能力和计算效率。

8.4.5 故障诊断方法的流程

本小节阐述了本章提出的轴承故障诊断方法的基本流程，如图 8.9 所示。具体流程如下：

① 对数据集中的振动信号进行重叠下采样操作，并将处理后的数据按照 7∶1.5∶1.5 的比例随机划分为训练集、验证集和测试集。

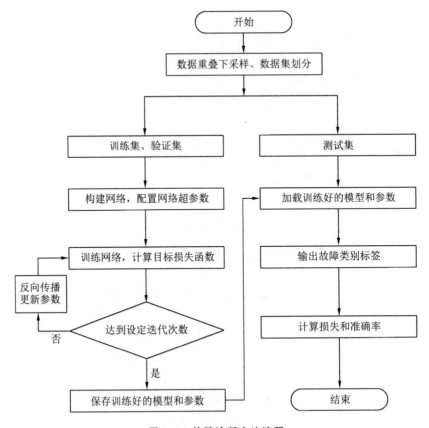

图 8.9 故障诊断方法流程

② 使用 Anaconda 集成环境中的 Jupyter Notebook 程序编写代码，使用 TensorFlow 和 Keras 框架搭建多尺度卷积神经网络模型，并设置相关参数。

③ 使用训练集和验证集对搭建的网络模型进行多次迭代训练，根据损失函数结果不断调试参数值，以选择最优的网络模型参数，并将其保存。

④ 加载已经训练好的神经网络和参数，利用测试集进行测试，计算出模型的损失值和准确率。

8.5 基于 CWRU 数据集的实验验证

8.5.1 模型性能

为了评估模型的性能，使用数据集 A 进行多次实验。图 8.10 至图 8.12 展示了使用数据集 A 进行相关实验的诊断准确率、损失值和混淆矩阵。由图 8.10 和图 8.11 可以看出，该模型的收敛速度非常快，仅仅经过十几轮训练，模型的损失值就能够降至 0.0011 以下。同时，模型的诊断准确率在 99.44% 左右稳定，尽管有轻微波动的迹象，但很快就能够恢复到稳定状态，最终准确率甚至能够达到 100%。这表明该模型具有强大的学习振动信号故障特征的能力，能够在更短的时间内取得更好的诊断效果。

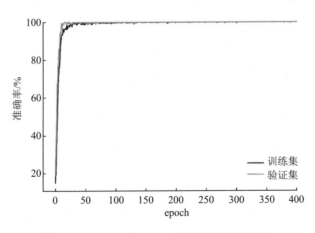

图 8.10 MCNN 在 CWRU 数据集上的准确率

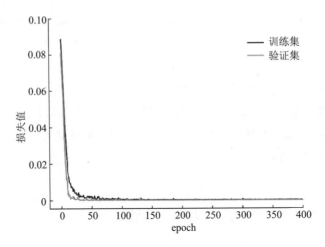

图 8.11　MCNN 在 CWRU 数据集上的损失值

图 8.12 为模型在测试集上的混淆矩阵图，横坐标为预测故障类型的标签，纵坐标为实际故障类型的标签。从图中可以看到，除对角线之外所有数字均为 0，对角线上的数字均为 18，测试集共 180 个样本，说明所有样本都能够被正确预测，没有出现诊断错误的情况。

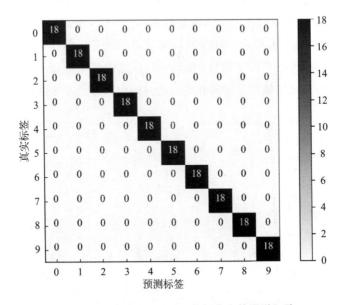

图 8.12　MCNN 在 CWRU 数据集上的混淆矩阵

8.5.2   重叠下采样的实验

为了比较重叠下采样技术带来的优势，本小节从原始数据集每种工况下的不同故障数据文件中选取长度为 121000 的数据，设置滑动采样窗口长度为 2000，步长为 1000，这种方法能够获得每种状态下的 120 组数据，相较于仅将数据分为长度为 2000 的数据段，该方法的样本数量增加了一倍。为了获得更多的样本数量，可以缩短相邻两个样本之间的步长。

如图 8.13 所示，以 CWRU 数据集中的数据集 C 为例，对局部振动信号进行绘制，图 8.13a 展示了正常和 9 种故障状态下的原始振动信号，图 8.13b 展示了重叠下采样后的振动信号。通过对比可以看出，重叠下采样后的振动信号依然能基本反映数据的原始特点，但是样本的数据量从 2000 缩减为 250，变为原来的 1/8，得到了显著减少，更加有利于网络模型的训练。

为了验证本章提出的重叠下采样数据增强方法所带来的实际提升，分别构建输入长度为 2000 和 250 的 MCNN 模型进行实验，实验结果如表 8.5 所示。由表可以看出，经过重叠下采样后的样本依然能够和未进行重叠下采样的样本一样，达到 100% 的诊断准确率，而且网络模型的训练时间缩短为原来的 1/9 左右，说明下采样后的样本虽然长度被裁剪但并未丢失重要的原始数据特征。分析发现，下采样操作对于卷积神经网络来说，效果和池化层比较类似，均以少量数据代替全部数据，从而达到压缩的目的，而池化层的主要作用包括增加网络的感受野、抑制噪声、减少信息冗余、减少参数个数和计算量、防止过拟合等。因此，采用重叠下采样技术在一定程度上不仅可以保证诊断准确率，还可以减少网络的输入量，达到缩短网络训练时间的目的。

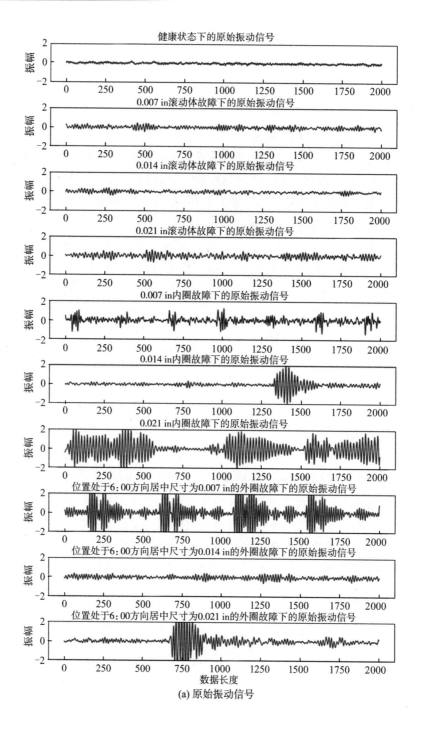

(a) 原始振动信号

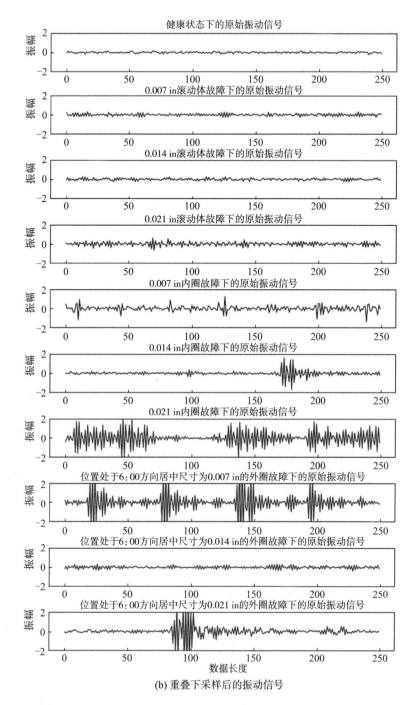

(b) 重叠下采样后的振动信号

图 8.13　CWRU 数据集中采样前后振动信号的对比

表 8.5　CWRU 数据集中不同样本长度的实验结果对比

样本长度	迭代次数	时间/s	损失值	准确率/%
2000	400	4018.76	2.565×10^{-5}	100
250	400	417.25	6.739×10^{-5}	100

8.5.3　不同工况下的实验

为了证明 MCNN 模型能够适用于不同负载下的故障诊断，分别使用代表不同工况的数据集 A、B、C、D 进行实验，这 4 个数据集除工况及其对应的转速不同外，其余设置全部相同，均参照 8.4 实验设置部分。同时，与 SVM、BP、RNN 和 MACNN 四种现有方法的实验结果进行对比，结果如图 8.14 所示。

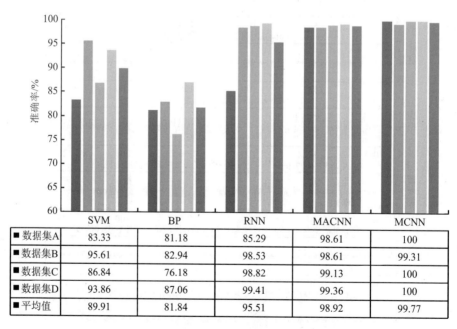

	SVM	BP	RNN	MACNN	MCNN
■数据集A	83.33	81.18	85.29	98.61	100
■数据集B	95.61	82.94	98.53	98.61	99.31
■数据集C	86.84	76.18	98.82	99.13	100
■数据集D	93.86	87.06	99.41	99.36	100
■平均值	89.91	81.84	95.51	98.92	99.77

图 8.14　MCNN 在 CWRU 数据集中不同工况下的准确率对比图

由图 8.14 可以看出，传统的 SVM、BP 模型的诊断结果不太理想，准确率的平均值仅能达到 80% 左右，难以有效区分不同的故障。相对来说，RNN 模型能够取得不错的诊断结果，但是其在数据集 A 中的表现较差，仅有 85% 的准确率。MACNN 和 MCNN 模型有更好的诊断结果，平均值都可以达到 98% 以上，尤其是 MCNN 模型除了在数据集 B 中仅达到 99.31% 的准确率，在其他数据集中均能达到 100% 的准确率，说明 MCNN 模型能够适应不同工况下的故障诊断任务。

8.6　基于 JNU 数据集的实验验证

8.6.1　模型性能

为了增强模型的可信度，在 JNU 数据集上进行了同样的实验。图 8.15 至图 8.17 展示了使用数据集 B 进行相关实验的准确率、损失值和混淆矩阵。由图 8.15 和图 8.16 可以看出，模型在 JNU 数据集上的收敛速度仍然非常快，经过十几轮的训练，模型的损失迅速降至 0.0014 以下，同时准确率稳定在 99.31% 左右。与在 CWRU 数据集上的表现相比，模型的准确率和损失值在小范围内多次波动，但在后期仍能达到稳定状态，且最终的准确率也可达到 100%。这表明本模型具有很好的通用性，可适用于不同的数据集，并且在各数据集上都表现出了较好的诊断效果。

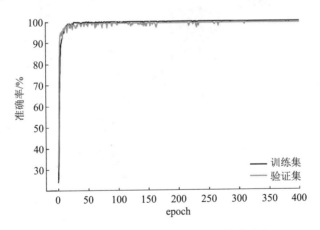

图 8.15　MCNN 在 JNU 数据集上的准确率

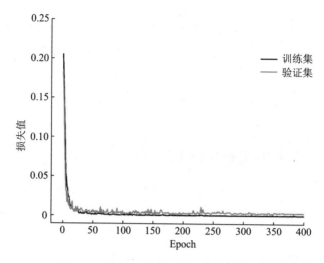

图 8.16　MCNN 在 JNU 数据集上的损失值

　　图 8.17 为模型在测试数据集上的混淆矩阵图，横坐标为预测故障类型的标签，纵坐标为实际故障类型的标签。由图可以看到，除对角线之外所有数字均为 0，对角线上的数字均为 36，测试集共 144 个样本，说明所有样本都能够被正确预测，没有出现误判的情况。

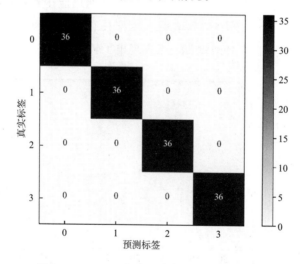

图 8.17　MCNN 在 JNU 数据集上的混淆矩阵

8.6.2　重叠下采样的实验

　　在 JNU 数据集中也选取局部振动信号来绘制重叠下采样前后的信号对

比图，图 8.18a 展示了正常和 3 种故障状态下的原始振动信号，图 8.18b 展示了重叠下采样后的振动信号。通过对比可以看出，振动信号的基本特征还是清晰可见的，但样本的数据量大大减少了，从 2000 缩减为 250。

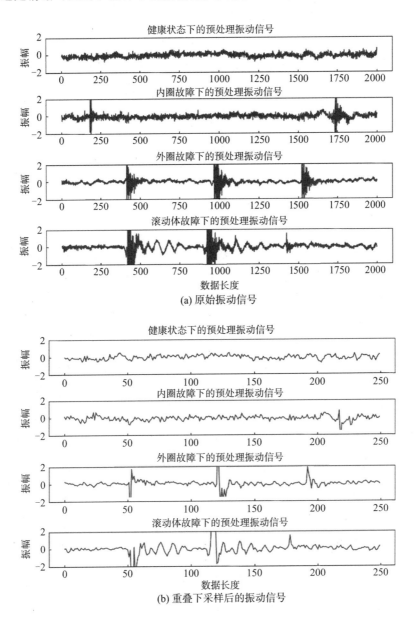

(a) 原始振动信号

(b) 重叠下采样后的振动信号

图 8.18　JNU 数据集采样前后振动信号的对比

同样通过输入长度为 2000 和 250 的 MCNN 模型对重叠下采样方法的效果进行验证，实验结果如表 8.6 所示。由表可以看出，重叠下采样后的样本没有影响准确率，准确率仍可以达到 100%，而网络模型的训练时间减少至原来的 1/9 左右。这说明本章提出的重叠下采样方法可以有效减少网络的训练时间，并且能够适用于不同的振动。

表 8.6　JNU 数据集中不同样本长度的实验结果对比

样本长度	迭代次数	时间/s	损失值	准确率/%
2000	400	3169.69	3.305×10^{-4}	100
250	400	327.88	1.716×10^{-4}	100

8.6.3　不同工况下的实验

为了证明 MCNN 模型在不同数据集的不同负载下依然能够保持较高的准确率，本小节选用 JNU 数据集中具有不同转速的数据集 a、b、c 分别进行实验，同时将 MCNN 模型与一些改进的 CNN 模型进行对比，诊断结果如图 8.19 所示。

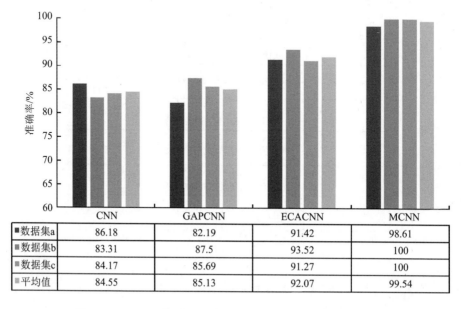

	CNN	GAPCNN	ECACNN	MCNN
■数据集a	86.18	82.19	91.42	98.61
■数据集b	83.31	87.5	93.52	100
■数据集c	84.17	85.69	91.27	100
■平均值	84.55	85.13	92.07	99.54

图 8.19　MCNN 在 JNU 数据集中不同工况下的准确率对比图

由图 8.19 可以看出，MCNN 模型明显优于其他三种模型，尤其是在数据集 b、c 上可以达到 100% 的准确率。在数据集 a 上的表现稍差一点，但仍比其他三种模型至少高出 7%。结果表明，MCNN 本模型能够在不同负载情况下对轴承健康状态进行诊断。

8.7 本章小结

针对现有的轴承故障诊断方法在提取故障特征时特征提取能力不强和缺乏多样性，难以适用于不同工况下的故障诊断，同时随着网络深度的增加训练时间越来越长的问题，本章提出了一种基于重叠下采样和多尺度卷积神经网络的轴承故障诊断方法。

MCNN 模型利用三个并行的一维卷积层能够提取更全面的故障特征，具有较强的提取能力和多样性，且具有较少的参数。同时，通过重叠下采样的方法可以在增加样本数量的同时减少每个样本所含的数据量，提高模型的训练效率，使其诊断计算花销明显降低。

本章采用行业内公认的 CWRU 数据集和 JNU 数据集分别对多尺度卷积神经网络模型的有效性进行验证，并对其结果进行分析。实验验证得出以下结论：

① MCNN 模型在两个数据集中均可以取得 100% 的诊断准确率，表明该模型具有较强的准确性，能够适应复杂的轴承故障诊断任务；同时，在不同数据集和多种负载工况条件下的故障诊断准确率均超过 98%，说明其具有优秀的泛化能力，能够有效应对不同情况下的轴承故障。

② 通过采用重叠下采样方法，MCNN 模型的训练时间可大幅缩短，仅为原来的 1/9 左右，说明该方法具有较高的效率和较强的实用性。

③ 使用不同数据集进行训练可能会导致模型在未见过的数据上有所差异。这种差异可能是因为数据本身的特点不同，但 MCNN 模型与其他模型相比，在不同的数据集上的诊断准确率均明显提高，说明 MCNN 模型具有较好的适应性和泛化能力，但仍需要进一步探索和改进，以提高模型在不同数据集上的性能。

参考文献

[1] JIA X，XIAO B P，ZHAO Z J，et al. Bearing fault diagnosis method based on CNN-LightGBM [J]. IOP Conference Series：Materials Science and Engineering，IOP Publishing，2021，1043 (2)：022066.

[2] BAI R X，XU Q S，MENG Z，et al. Rolling bearing fault diagnosis based on multi-channel convolution neural network and multi-scale clipping fusion data augmentation [J]. Measurement：Journal of the International Measurment Confederation，2021，184：109885.

[3] ZHAO Z Q，JIAO Y H. A fault diagnosis method for rotating machinery based on CNN with mixed information [J]. IEEE Transactions on Industrial Informatics，2022，19 (8)：9091-9101.

[4] CHEN X H，ZHANG B K，GAO D. Bearing fault diagnosis base on multi-scale CNN and LSTM model [J]. Journal of Intelligent Manufacturing，2021，32 (4)：971-987.

[5] ZHANG T，LIU S L，WEI Y，et al. A novel feature adaptive extraction method based on deep learning for bearing fault diagnosis [J]. Measurement：Journal of the International Measurment Confederation，2021，185：110030.

[6] YOU W，SHEN C Q，WANG D，et al. An intelligent deep feature learning method with improved activation functions for machine fault diagnosis [J]. IEEE Access，1975，8：1975-1985.

[7] 靳建华，董增寿，李丽君. 基于过采样与时频融合的轴承不平衡故障诊断 [J]. 太原科技大学学报，2023，44 (2)：142-147，154.

[8] 郭迎，梁睿琳，王润民. 基于 CNN 图像增强的雾天跨域自适应目标检测 [J]. 计算机工程与应用，2023，59 (16)：187-195.

[9] ZHANG W，PENG G L，LI C H. Rolling element bearings fault intelligent diagnosis based on convolutional neural networks using raw sensing signal [C] // Advances in Intelligent Information Hiding and Multimedia Signal Processing：Processing，Berlin：Springer International Pub-

lishing，2017：77-84.

[10] 张成帆，江泽鹏，曹伟，等 . 一种一维多尺度卷积神经网络及其在滚动轴承故障诊断中的应用 [J]. 机械科学与技术，2022，41（1）：120-126.

[11] 张明德，卢建华，马婧华 . 基于多尺度卷积策略 CNN 的滚动轴承故障诊断 [J]. 重庆理工大学学报（自然科学），2020，34（6）：102-110.

[12] 谢天雨，董绍江 . 基于改进 CNN 的噪声以及变负载条件下滚动轴承故障诊断方法 [J]. 噪声与振动控制，2021，41（2）：111-117.

[13] GUO M H，XU T X，LIU J J，et al. Attention mechanisms in computer vision：A survey [J]. Computational Visual Media，2022，8（3）:331-368.

9 无监督领域自适应轴承故障诊断方法

9.1 引言

机械设备在工作一段时间后，其零件都会产生少量的损耗甚至损坏。当这些损坏累积到一定程度后就会引起机械设备的故障。机械设备发生故障不仅会影响其工作准确度，还会产生额外的成本开销。例如，电机及其驱动系统发生故障后由于长时间停机维修，往往会造成极大的经济损失，而这类故障 50％以上都是由滚动轴承的损伤引起的。由于轴承类零件大多在高温、高压和高载荷等恶劣环境下工作，因此对此类零件的工作状况进行监测，能够在发生故障前及时维修和替换损坏的零件，有效防止机械设备发生故障，有利于机械设备长期稳定地工作。

随着大数据的快速兴起，运用深度学习与大数据结合来处理机械制造业的难题已然成为当今行业的研究热点与发展趋势。深度学习技术通过分析采集到的大量数据、建立深层模型并提取数据的内部特征，可以完成复杂的机器学习任务。使用深度学习对轴承的振动信号进行分析可以判断轴承是否发生故障。主流的基于深度学习的轴承故障诊断方法都是先对轴承工作时的振动信号进行处理，再对处理好的信号进行学习，然后建立深度学习模型。然而，尽管深度学习可以对工作中的轴承进行工况监测和故障诊断，但其在实际应用中依然存在一些问题：

① 深度学习方法需要大量的优质数据作为支撑，而这些数据的获取需要大量的成本，一般的中小型公司并不能承受这种开销。

② 使用深度学习建立模型需要对特定环境下产生的数据进行学习。当环境发生变化时，深度学习只能通过学习新环境的数据，重新建立新的

模型。

③ 完成机械领域相关的任务时，实际任务的工作环境往往都不一样。使用在某一工况下建立的深度学习模型直接完成其他工况下的任务时，效果往往较差。

为解决以上问题，迁移学习提供了一种新思路。迁移学习可在高维度空间找到源域数据和目标域数据相互联系的共同空间，因此其具有将从一个域学习到的信息迁移到另一个域的能力。也就是说，它能将从一个工况下学习到的知识迁移到另一个工况下，从而适应不同工况条件下的机械故障诊断。将机械故障诊断和迁移学习相结合，就可以在不同工况和学习样本数量小的条件下完成机械故障诊断任务。

虽然使用迁移学习方法完成轴承故障诊断工作时需要的样本数量较少，但需要在源域和目标域都进行数据标注工作。在现实条件下完成轴承诊断任务时对目标域数据进行标注是不可行的。因此，要使轴承故障诊断方法更好地适应实际工作的需求，就要减少目标域对数据标注的需求。

无监督领域自适应作为一种迁移学习方法，在面对源域和目标域任务相同且特征空间也相同，只是两个域的边缘概率分布不一样的任务时，可以通过只改变一部分域来完成迁移任务。因此，使用无监督领域自适应方法进行迁移学习时，不需要对目标域的数据做标记，这大大降低了数据获取的成本。因为轴承的工作方式较为单一，工作环境一般没有变化，工况的变化通常是为了适应新任务而进行的固定参数调整，从而保证源域和目标域的特征空间相同，而新工况下虽然数据的边缘概率分布和原工况不同，但通过领域自适应方法可以对齐两个域的特征，所以无监督领域自适应方法较适合完成这种条件下的轴承故障诊断任务，同时又不需要对新工况下参数的数据进行标注，更符合实际机械工作中对轴承故障诊断的需求。

本章针对轴承故障诊断中跨工况诊断效果不佳和目标域难以获取标记数据的问题，基于迁移学习和领域自适应机制提出了一种无监督的领域自适应轴承故障诊断方法。与常用的迁移学习方法不同，由于非对称的特征提取器能更好地模拟低层次特征的差异，虽然本算法在初始化时也共享特征提取器的权值，但为了将目标域数据映射到与源域数相同的特征空间，故通过反转标签的损失函数来训练目标域特征提取器，使其提取的目标域数据特征向源域特征靠近。不同于其他流行的深度对抗性迁移方法使用梯度反转并将其损失加权相加，分类器和域辨别器训练时使用 GAN 损失分开单独训练。该方法的优点在于：

① 通过卷积神经网络挖掘轴承故障的潜在特征，并使用反转标签的方法对齐故障分类的源域和目标域特征，可直接使用在源域数据上训练的故障分类器完成新工况的分类任务。

② 在实际的轴承故障诊断任务中不需要再对目标域数据进行标注，简化了诊断任务的流程，降低了数据成本。在完成不同工况的迁移任务时，不需要对数据进行额外的处理，减少了诊断成本。该方法可以使算法更好地满足实际工作需求并广泛应用于现实场景中。

为了验证本方法的性能，本章在 CWRU 数据集和 PU 数据集上分别进行了实验。验证结果表明，本方法在跨工况迁移任务中的准确率高于其他迁移学习方法。

9.2 无监督领域自适应轴承故障诊断模型

本章提出的无监督自适应迁移诊断算法由信号预处理模块、模型预训练模块和领域自适应迁移模块三部分组成，如图 9.1 所示。

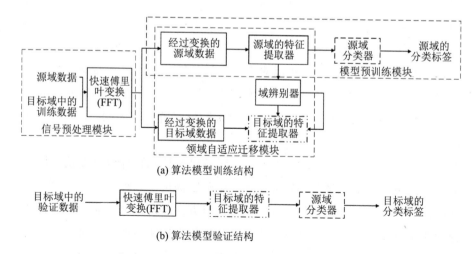

(a) 算法模型训练结构

(b) 算法模型验证结构

图 9.1　算法模型结构示意图

9.2.1 信号预处理模块

本算法的任务是通过分析轴承的工作振动信号进行轴承故障诊断。在信号输入前，应先对源域和目标域的所有振动信号进行快速傅里叶变换。神经网络参数的训练会随着输入信号的长度变长而变得复杂。但若输入信号长度太短也会导致因数据量不够而无法正确识别故障。本算法先从整个信号中多次随机抽取得到固定长度的连续信号，再对这些信号片段进行快速傅里叶变换，最后将处理好的信号作为输入数据。

9.2.2 模型预训练模块

在预训练模块中，对源域数据进行学习，建立特征提取器和分类器模型，完成对源域数据进行分类的任务。模块中的信号特征提取器结构如图9.2所示。

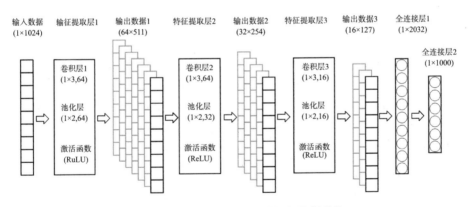

图 9.2 预训练模块的信号特征提取器结构

整个特征提取器由三层特征提取层和一层全连接层组成。每个特征提取层包括卷积层、池化层和激活函数。数据先通过卷积层进行特征提取，再通过池化层对提取的特征进行筛选（本算法选择的池化方法为最大池化），最后通过激活函数（ReLU）输出结果。将特征提取器输出的结构输入分类器，以完成在源域上的数据分类任务。分类器的结构如图9.3所示。数据进入分类器时先经过激活函数。为了防止过拟合，将激活函数的结果输入 Dropout 层，在 Dropout 层随机选择一批神经网络单元，使其不参与接下来的参数更新，最后用两个全连接层完成分类工作。

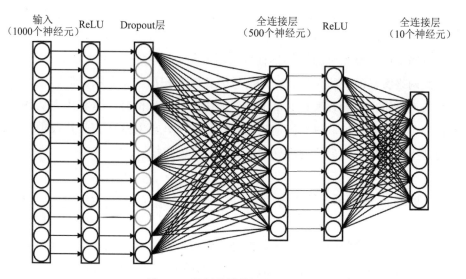

图 9.3 预训练模块分类器结构

9.2.3 领域自适应迁移模块

迁移模块的主要任务是将源域上学到的模型进行迁移，使其完成目标域上数据的分类工作。本算法中迁移模块最重要的部分为域辨别器网络，如图 9.4 所示。域辨别器由 3 个全连接层和 LogSoftmax 层组成，通过 3 个全连接层将特征提取器的数据分为两类，再对这两类数据进行 LogSoftmax 运算。与 Softmax 运算相比，LogSoftmax 运算是将 Softmax 的值进行对数运算，其优点体现在两个方面：一是在对数函数求导时数值不会溢出，二是可以加快反向传播速度，提高运算效率。迁移时，为了保留源域上学到的信息，将学习好的源域特征提取网络作为目标域特征提取器的初始网络。通过域辨别器分辨提取到的特征是属于源域的还是属于目标域的。当域辨别器无法正确区分时，目标域的特征提取器即完成了迁移和优化。

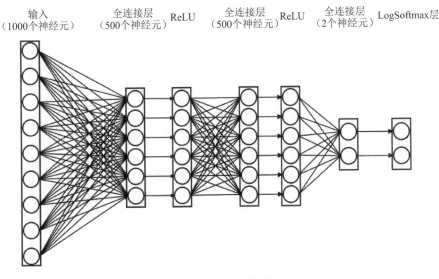

图 9.4 域辨别器网络

9.3 基于 CWRU 数据集的实验验证

实验随机抽取若干长度为 2048 的连续信号数据作为样本输入，模型每次训练 32 个样本，损失函数选择交叉熵损失，使用 Adam 优化参数模型。在特征提取器中，Adam 的学习率设置为 0.0001，β_1 和 β_2 分别为 0.5 和 0.9。在域辨别器中，Adam 的学习率设置为 0.000175，其他参数和特征提取器相同。

9.3.1 直接迁移和自适应迁移对比

本实验为了验证自适应迁移的效果，对比了每个工况向其他工况迁移前后的结果，如图 9.5 所示。直接迁移是指将预训练过程中在源域上训练的模型直接迁移到目标域上，自适应迁移是指通过迁移模块将自适应模型迁移到目标域上。为了保证数据不被随机性影响，所有数据都是取 10 次实验结果的平均值。

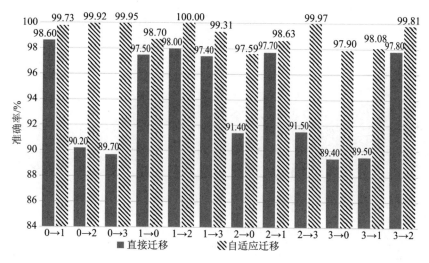

图 9.5　直接迁移和自适应迁移结果对比

由图 9.5 可以看出，与直接迁移相比，自适应迁移后的模型在跨工况诊断任务中的准确率普遍提升。迁移后所有迁移任务的准确率都在 97％以上，其中 7 个任务的准确率高于 99％，任务 1→2 的准确率可达到 100％。此外，将 0 工况作为源域向其他工况迁移时，准确率都高于 99％，这说明将 0 工况作为源域时，目标域不论是哪种工况，算法都能取得较高的准确率。比较其他工况的数据发现，由低马力工况向高马力工况迁移时的结果要优于由高马力工况向低马力工况迁移。综上可知，在低马力工况时提取的特征能更好地迁移到高马力工况。

9.3.2　不同迁移方法对比

为了将本算法的结果与其他迁移方法对比，Pan 等提出迁移组成分析（TCA）方法，Sun 等提出通过匹配特征表示的均值和协方差来最小化域位移的 Deep CORAL 方法，Tzeng 等提出深度域混淆（DDC）方法，使用一个自适应域和混淆损失来学习域不变表示，Long 等提出深度适应网络（DAN）方法，Lei 等提出深度卷积迁移学习网络（DCTLN）方法。这些方法都利用了 MMD（最大均值差异）方法来最小化不同域之间距离。

本实验在每个工况中随机抽取 1000 个样本，源域和目标域的训练样本数量比为 1∶1，并在目标域再次随机抽取 1000 个样本作为验证。为了减小随机性结果的影响,实验将重复训练 10 次并取其平均值。结果如表 9.1 所示。

表 9.1 不同方法在 CWRU 数据集上的故障分类结果 ％

源域→目标域	TCA	Deep CORAL	DDC	DAN	DCTLN	本章算法
0→1	62.50	98.11	98.24	99.38	99.99	99.73
0→2	65.54	83.35	80.25	90.04	99.99	99.92
0→3	74.49	75.58	74.17	91.48	93.38	99.95
1→0	63.63	90.04	88.96	99.88	99.99	98.70
1→2	64.37	99.25	91.17	99.99	100.00	100.00
1→3	79.88	87.81	83.70	99.47	100.00	99.31
2→0	59.05	86.18	67.90	94.11	95.05	97.59
2→1	63.39	89.31	90.64	95.26	99.99	98.63
2→3	65.57	98.07	88.28	100.00	100.00	99.97
3→0	72.92	76.49	74.60	91.21	89.26	97.90
3→1	68.93	79.61	74.77	89.95	86.17	98.08
3→2	63.97	90.66	96.70	100.00	99.98	99.81
平均值	67.02	87.87	84.12	95.90	96.16	99.13

根据表中对比实验结果可知,本章提出的算法的分类准确率平均为 99.13％,高于其他算法;经典的域自适应算法在迁移任务 1→2 上的准确率为 100％。不仅如此,通过对数据进行分析发现,本算法还有如下优点:

① 在 3→0、3→1、0→3 任务中的结果远远优于其他算法,准确率在 97％以上。完成在其他算法中难以迁移的任务时,也能取得较好结果。

② 诊断准确率较稳定,不同的迁移任务的准确率波动在 3％左右,而其他迁移学习算法的波动介于 10％~20％。本算法在所有的迁移任务中的准确率都大于 97％,而其他算法在一些困难的迁移任务中的准确率低于 90％。

9.3.3 超参数对迁移结果的影响

本算法除了与其他算法对比迁移结果外，还需要验证超参数的影响和算法的鲁棒性。与其他算法相比，本算法需要分别调整目标域特征提取器和域辨别器的学习率，使其在训练时保证相对的平衡。但在实际训练时域辨别器的学习率往往是固定的，选择不同的目标域特征提取器学习率来匹配即可。本实验中，域辨别器的学习率设置为 0.0001，并将在 0.25 倍至 2 倍域辨别器的学习率中选取 8 个值作为目标域特征提取器的学习率。为了验证算法的鲁棒性和防止随机性的干扰，在每次实验时都随机初始化了网络，并且每个迁移任务的结果都是 10 次结果的平均值。

图 9.6 为工况 0 向其他工况迁移的结果。向工况 1 和工况 2 迁移时，准确率都在 98% 以上。向工况 3 迁移时，除了在目标域提取器学习率为 0.000025 的情况下迁移结果较差外，在其他学习率下的准确率都超过 99%。

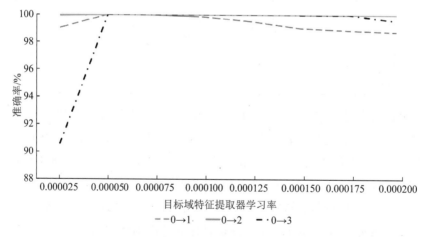

图 9.6　工况 0 向其他工况迁移的结果

图 9.7 为工况向其他工况迁移的结果。由工况 1 向其他工况迁移时，迁移结果随学习率的增加都有所下降。其中，向工况 3 迁移时结果较为稳定，向其他两个工况迁移时变化幅度较大。

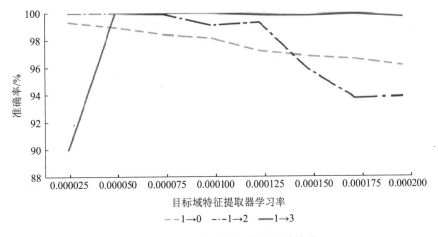

图 9.7　工况 1 向其他工况迁移的结果

　　图 9.8 为由工况 2 向其他工况迁移的结果。向工况 0 迁移时，当目标域特征提取器的学习率大于 0.00015 时，迁移的准确率会大幅降低；而向其他两个工况迁移时，学习率的变化对迁移结果的影响较小，准确率都在98％以上。

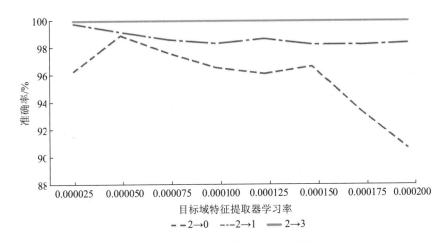

图 9.8　工况 2 向其他工况迁移的结果

　　图 9.9 为工况 3 向其他工况迁移的结果。向工况 2 迁移时，学习率的变化对迁移结果无影响；向工况 0 和工况 1 迁移时，准确率在到达某个数值后会有所下降，但仍保持在 96％以上。

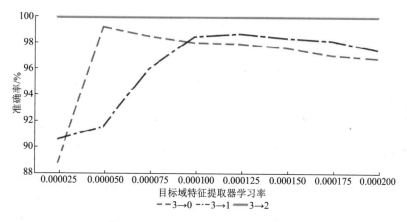

图 9.9　工况 3 向其他工况迁移的结果

由此可知，每个迁移任务都有匹配的学习率。即使未达到匹配的学习率，算法整体的迁移平均准确率最低也能达到 96％，说明算法的鲁棒性较好。

9.3.4　迭代次数对迁移结果的影响

为了验证迭代次数对迁移任务的影响，本实验对比了不同迭代次数下算法的故障轴承分类结果。每个迁移任务迭代 10 次，所有迁移任务的迁移结果如图 9.10 所示。

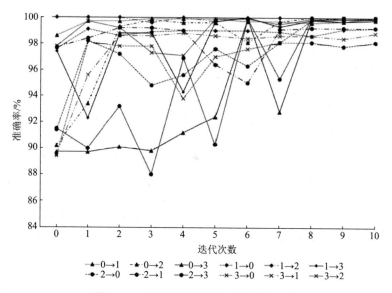

图 9.10　不同迭代次数的迁移结果对比

由图 9.10 可知, 迭代 8 次时迁移任务的准确率都能达到 98% 以上。随着迭代次数的增加, 大部分迁移任务的准确率都在上下波动。这是由于对抗网络训练的特点, 在得到好的结果时, 特征提取器的损失达到最小, 而域辨别器的损失达到最大。继续进行训练, 当域辨别器损失变小时, 特征提取器的损失会变大, 这就导致迁移任务的准确率下降。虽然迭代过程中迁移任务的准确率在不断波动, 但总体趋势依然是上升的。其中向 3 hp 工况迁移的迁移任务较为特殊, 虽然在迭代 8 次后迁移任务的准确率都能达到 97% 以上, 但前期迭代的准确率却有很大波动。

通过混淆矩阵对这种特殊情况进行分析, 可得出以下结论:

① 图 9.11 为在多次实验后总结的一些具有代表性的混淆矩阵图。由图可知, 迁移效果不佳的主要原因是数据集存在某些难以迁移的故障分类, 这些故障迁移前的特征与迁移后其他某些故障相似, 如图 9.11a 和图 9.11c 所示, 其他工况在向工况 3 迁移时, 故障 8 的迁移效果不佳; 而工况 3 中的故障 9 的特征和工况 1、工况 2 的故障 8 相似, 因此迁移时会将故障 8 误分类成故障 9。

② 实验发现, 经过多次迭代后, 当特征提取器优化完成, 在验证集上能取得高准确率时不停止迭代。随着迭代次数的增加, 特征提取器为了继续迷惑域辨别器, 会过度迁移其他特征相似的故障类别, 造成过度迁移, 使算法的准确率下降。

③ 如图 9.11b 所示, 当任务 1→3 过度迁移时, 特征提取器为了学习足够的特征以迷惑域辨别器, 会将迁移好的故障 8 重新分类为故障 9。也可能如图 9.11d 所示, 当任务 2→3 过度迁移时, 影响其他故障分类。

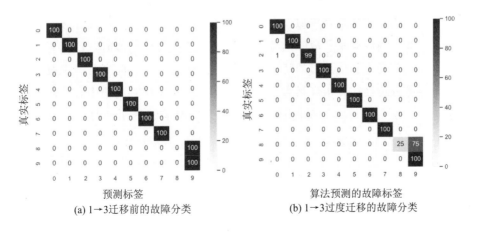

(a) 1→3 迁移前的故障分类　　　(b) 1→3 过度迁移的故障分类

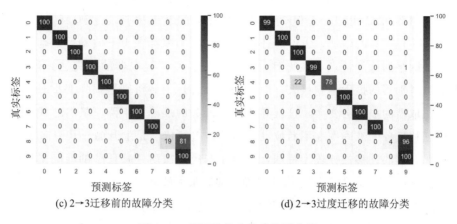

(c) 2→3迁移前的故障分类　　　　　(d) 2→3过度迁移的故障分类

图 9.11　不同迭代次数的故障分类

综上所述，虽然会发生过度迁移的现象，但随着迭代次数的增加，波动幅度逐渐变小，在迭代 8 次后结果趋于稳定，特征提取器达到最优。

9.3.5　结果可视化分析

为了验证本算法提取和迁移特征的能力，使用 t-SNE 算法对模型的特征进行降维，来分析不同工况下的迁移任务。将凯斯西储大学数据集中的工况 0、工况 1、工况 2、工况 3 作为源域向其他工况迁移，迁移结果的 t-SNE 可视化图分别为图 9.12、图 9.13、图 9.14、图 9.15。由图可知，在轴承故障诊断中相同的故障都比较集中，不同的故障基本都可以较好地区分。当两个工况相互迁移时，重叠发生在不同故障分类中，说明影响迁移效果的不是某种故障的特征难以迁移，而是源域的某个故障特征和目标域的某个故障特征是否相似。由于本算法通过特征迁移来对齐源域和目标域，因此，当源域某些故障的特征与目标域其他特征相似时，迁移算法就会将其误分类为其他故障的特征。此外，由低马力工况向高马力工况迁移时，故障分类往往比由高马力工况向低马力工况迁移时更集中，类间距离更远。这说明高马力工况的特征比低马力工况的特征更明显，迁移效果更好。

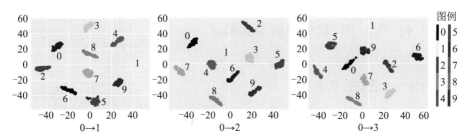

图 9.12 由工况 0 向其他工况迁移

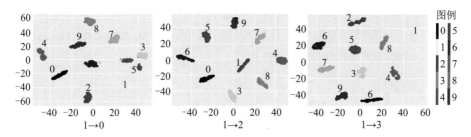

图 9.13 由工况 1 向其他工况迁移

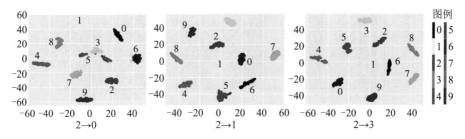

图 9.14 由工况 2 向其他工况迁移

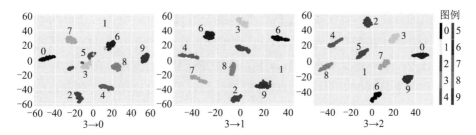

图 9.15 由工况 3 向其他工况迁移

9.4　基于 PU 数据集的实验验证

9.4.1　迁移效果对比

本实验通过对比帕德博恩大学轴承数据集的直接迁移和自适应迁移的结果，验证本算法在复杂数据下的迁移能力。由于实验数据量大，因此设置超参数批大小为 32，特征提取器的学习率为 1×10^{-6}，β_1 和 β_2 分别为 0.5 和 0.9；域辨别器的学习率为 5×10^{-5}，其他参数与特征提取器相同。迁移前后的结果对比如图 9.16 所示。

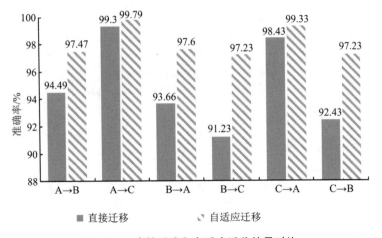

图 9.16　直接迁移和自适应迁移结果对比

由图可知，本算法在帕德博恩数据集上的每个自适应迁移任务的准确率相比直接迁移都有提升。在 A→C 和 C→A 中能达到 99% 以上，其他的迁移任务的准确率也都在 97% 以上。通过分析实验还发现，在工况 A 和工况 C 中相互迁移时，直接迁移能取得较好的效果。这说明在只有负载扭矩不同的情况下，不同工况数据的特征差异较小，而在只有径向力不同的情况下，数据的特征差异却较大。

9.4.2　不同迁移方法对比

此实验将本算法与经典的迁移学习和领域自适应算法对比,对比结果如表9.2所示。由表可知,本算法的平均准确率（98.10％）超过了其他所有的迁移学习算法,所有迁移任务的准确率都不低于97.23％。相比其他算法,本算法的迁移能力更好,迁移结果更稳定。特别是在将工况B作为目标域的迁移任务中,本算法得到的准确率比其他方法更高。而在迁移任务A→C和C→A中,各个迁移方法的准确率基本相同。根据实验结果可知,虽然PU数据集贴近现实条件下的轴承故障,但迁移这种数据较为困难。而由于PU数据集样本数据较其他数据集更大,本算法可以通过学习大量的数据来提取丰富的特征,再将特征对齐进行迁移,因此本算法在PU数据集中能取得较好的效果。

表9.2　不同方法在帕德博恩大学轴承数据集上的故障分类结果　　　　%

源域→目标域	TCA	Deep CORAL	DAN	DDC	DCTLN	本算法
A→B	87.27	92.23	91.70	90.83	96.17	97.47
A→C	99.87	99.54	99.33	99.97	99.84	99.79
B→A	92.99	92.20	93.03	98.13	99.87	97.60
B→C	92.53	95.10	91.03	97.23	99.75	97.23
C→A	99.80	99.60	97.37	99.83	99.91	99.33
C→B	89.71	92.93	95.00	93.37	91.32	97.23
平均值	93.70	95.27	94.58	96.56	97.81	98.10

9.4.3　结果可视化分析

通过混淆矩阵和t-SNE算法对迁移结果进行数据可视化分析,进一步探究不同工况下迁移任务的内在联系,验证本算法在PU数据集上迁移的结果。不同工况下迁移任务结果的混淆矩阵图对比如图9.17至图9.19所示。

基于深度学习的机械故障诊断研究

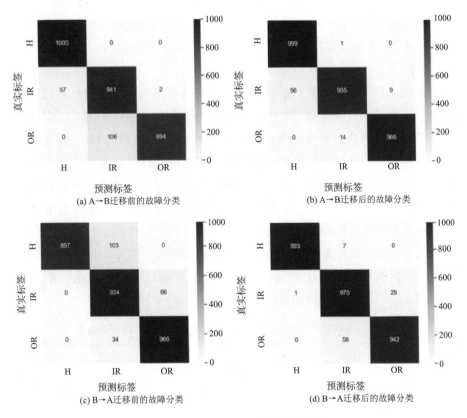

图 9.17 工况 A、B 相互迁移结果

(a) A→B迁移前的故障分类
(b) A→B迁移后的故障分类
(c) B→A迁移前的故障分类
(d) B→A迁移后的故障分类

由图 9.17 可知，由工况 A 向工况 B 迁移时，会将外环故障误分为内环故障，而由工况 B 向工况 A 迁移时，却将健康的轴承误分为内环故障。因此得出结论，在处理多工况不同的迁移任务时，错误分类主要集中在内环故障中，说明内环故障的特征和其他故障的特征较为相似。

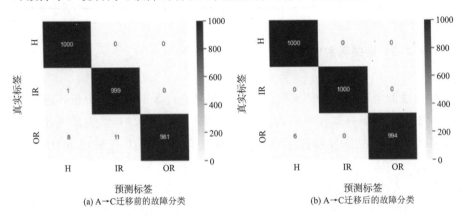

(a) A→C迁移前的故障分类
(b) A→C迁移后的故障分类

188

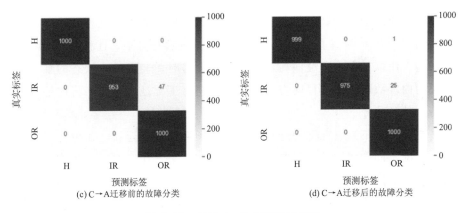

(c) C→A迁移前的故障分类　　　(d) C→A迁移后的故障分类

图 9.18　工况 A、C 相互迁移结果

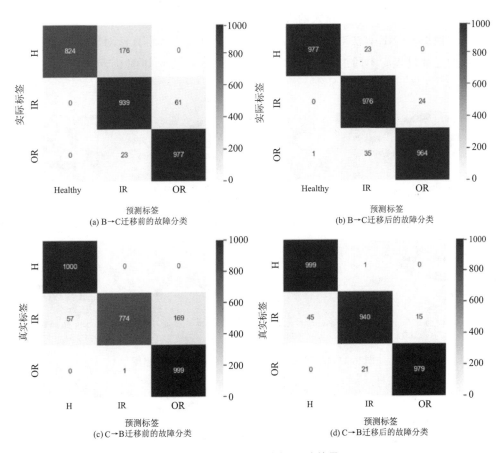

(a) B→C迁移前的故障分类　　　(b) B→C迁移后的故障分类

(c) C→B迁移前的故障分类　　　(d) C→B迁移后的故障分类

图 9.19　工况 B、C 相互迁移结果

由图 9.18 可知，在只有负荷扭矩不同的工况下，迁移前就能取得较好的诊断效果，说明 PU 数据集中负荷扭矩的不同对故障的迁移几乎没有影响。而在图 9.19 所示的在只有径向力不同的迁移任务中，迁移前的诊断效果较差。由低径向力工况向高径向力工况迁移时，会将健康状态的轴承误分类为内环故障；由高径向力工况向低径向力工况迁移时，却将内环故障误分为外环故障。

本算法对不同工况下的迁移任务进行领域自适应迁移，在单工况不同和多工况不同的情况下都能取得较好的迁移结果。在迁移时，故障分类准确率上升的同时某个故障分类的准确率会有所下降。这是算法迁移故障数据的特征时，为了迷惑域辨别器而对这些正确分类的故障过度迁移的结果。但这种情况对原本故障分类的影响有限，迁移任务的整体准确率较领域自适应迁移前依然有较大的提升。

使用 t-SNE 算法对特征进行降维可以更直观地观察算法对轴承故障特征的迁移过程。不同工况下迁移任务的 t-SNE 可视化如图 9.20 至图 9.22 所示。

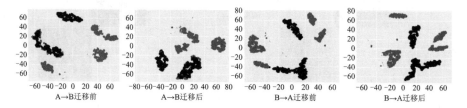

图 9.20　工况 A、B 相互迁移的 t-SNE 可视化图

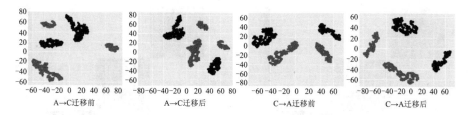

图 9.21　工况 A、C 相互迁移的 t-SNE 可视化图

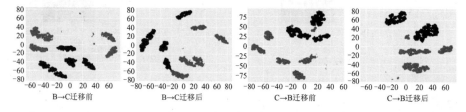

图 9.22　工况 B、C 相互迁移的 t-SNE 可视化图

从图中可以看出，不同故障类别之间的特征区分较明显，同一故障分类中的数据特征分别聚集成几簇分布在不同的位置上。这是因为一个故障分类中包含了 5 种故障数据，虽然数据属于同一个故障分类，但不同故障数据之间的特征区别较为明显。通过算法迁移后，特征分布较迁移前更为清晰，重叠位置向边缘靠近且重叠的数量减少。这说明本算法在 PU 数据集上的迁移效果较好，能在源域和目标域数据量不对称的情况下完成不同工况下的轴承故障诊断任务。

9.5　本章小结

本章提出的无监督领域自适应轴承故障诊断方法可以将在一个工况的故障轴承诊断任务中学习的信息迁移到另一个工况下，能完成跨工况的诊断任务。该方法使用对抗方法对齐源域和目标域，使目标域数据在没有标签的情况下，通过对源域的学习也能完成迁移任务，期间不需要人工介入，降低了轴承故障诊断的成本，提高了算法的实用性。该算法在两大轴承公共数据集上进行验证，在凯斯西储大学数据集上迁移任务的平均准确率为 99.13%，超过了传统的迁移学习方法。在帕德博恩大学数据集上验证了算法在不对称数据样本下的迁移效果，迁移任务的平均准确率为 98.10%。实验验证了本算法在无监督情况下跨工况轴承故障诊断任务中的有效性。

但通过实验发现，由于生成对抗网络的局限，使用反转标签的方法对齐源域和目标域特征时，一旦遇到源域的某些故障分类和目标域其他故障分类的特征相似的情况，特征提取器训练就会较难收敛，需要及时停止迭代，以保证其特征提取的效果。

未来，我们计划通过改进网络结构解决上述问题，使算法能更稳定地收敛，并研究算法在小样本数量条件下的迁移能力。

参考文献

[1] DJEDDI M，GRANJON P，LEPRETTRE B. Bearing fault diag-

nosis in induction machine based on current analysis using high-resolution technique [C] //2007 IEEE International Symposium on Diagnostics for Electric Machines, Power Electronics and Drives. Gracow, Poland, 2007: 23-28.

[2] RANDALL R B. Vibration-based condition monitoring: industrial, aerospace and automotive applications [M]. John Wiley & Sons, 2011.

[3] PAN S J, YANG Q. A survey on transfer learning [J]. IEEE Transactions Knowlodge and Data Engineering, 2010, 22 (10): 1345-1359.

[4] PURUSHOTHAM S, CARVALHO W, NILANON T, et al. Variational recurrent adversarial deep domain adaptation [C] //The 5th International Conference on Learning Representations (ICLR 2017). Toulon, France, 2017: 1-15.

[5] ROZANTSEV A, SALZMANN M, FUA P. Beyond sharing weights for deep domain adaptation [J]. IEEE Transactions on Pattern Analysis and Machine Intelligence, 2019, 41 (4): 801-814.

[6] ZHAO H, DES COMBES R T, ZHANG K, et al. On learning invariant representations for domain adaptation [EB/OL] (2019-01-27) [2023-03-20] http: //arkiv. org/abs/1901. 09453.

[7] HINTON G E, SRIVASTAVA N, KRIZHEVSKY A, et al. Improving neural networks by preventing co-adaptation of feature detectors [EB/OL]. (2012-07-03) [2023-03-20] http://arxiv. org/abs/1207. 0580.

[8] PAN S J, TSANG I W, KWOK J T, et al. Domain adaptation via transfer component analysis [J]. IEEE Transactions on Neural Networks, 2010, 22 (2): 199-210.

[9] SUN B, SAENKO K. Deep coral: correlation alignment for deep domain adaptation [C] //European Conference on Computer Vision. Springer, Cham, 2016: 443-450.

[10] TZENG E, HOFFMAN J, ZHANG N, et al. Deep domain con-

fusion: maximizing for domain invariance ［EB/OL］. （2014－10－10）［2013-03-20］ http：//arvi. org/abs/1412. 3474.

［11］ LONG M S，CAO Y，WANG J M，et al. Learning transferable features with deep adaptation networks ［C］//32nd International Conference on International Confernece Machine learning：ICML 2015. Lile，France，2015，1：97-105.

［12］ GUO L，LEI Y G，XING S B，et al. Deep convolutional transfer learning network：a new method for intelligent fault diagnosis of machines with unlabeled data ［J］. IEEE Transactions on Industrial Electronics，2019，66 （9）：7316-7325.

基于最大域差异的无监督领域自适应轴承故障诊断方法

10.1 引言

主流的轴承故障诊断方法通过分析轴承工作时的振动信号来判断轴承的工作状态。如今在大数据和人工智能技术的加持下，凭借深度学习方法强大的特征提取能力可以发掘轴承振动信号的内在特征，对不同故障时的轴承振动信号进行学习，完成故障诊断任务。虽然深度学习已被广泛应用于轴承故障诊断，但在现实工业场景下应用时却依然存在以下问题：

① 当使用深度学习方法进行轴承故障检测时，故障诊断的准确率和学习的数据量呈正相关。但现实工业场景下收集大量数据不仅困难而且成本高昂，中小型企业并不能承受。

② 现实场景中工作环境是根据不同的工作任务变化的，当环境变化时，在某一工况下建立的深度学习模型并不能直接用来完成新工况下的轴承故障诊断任务，只能用在新环境下收集的数据建立新的深度学习模型来完成新工况下的轴承故障诊断任务。

针对上述问题，在实际场景的故障诊断中常引入迁移学习方法，以完成变工况下的轴承故障诊断任务。迁移学习以在一种工况下采集的轴承故障数据为源域，以另一种工况下的数据为目标域。迁移学习方法可以找到源域数据和目标域数据相互关联的特征的公共空间，从而可以迁移一种工况下的模型，完成不同工况下的轴承故障诊断任务。

虽然对抗域自适应方法在轴承故障诊断中得到广泛应用，但仍然存在以下问题影响诊断效果：

① 目标域特征提取器训练完成后，没有及时停止训练。为了混淆鉴别器，目标域对齐的特征映射到错误的类。

② 当源域和目标域的轴承故障数据无法区分时，目标域特征提取器的权重会逐渐接近源域特征提取器，影响模型训练效果。

针对上述问题，本章提出了最大域差异方法，以尽可能确保目标域特征提取器在训练中获得正迁移。

如图 10.1 所示，一般方法的生成器只生成混淆判别器的特征，使两个分布相似，而不考虑不同分类标签之间的边界关系。最大域差异方法学习最大化源域和目标域特征之间的差异：一方面，该方法使目标域特征提取器输出的特征尽可能地混淆鉴别器，使两个域的分布相似；另一方面，该方法让目标域提取器学习域的差异，使得不同标签分类的源域和目标域数据之间的边界变宽，从而尽可能多地学习源域数据的潜在特征。

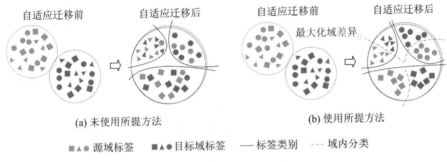

(a) 未使用所提方法　　　　　　　　(b) 使用所提方法

■▲● 源域标签　　■▲● 目标域标签　　—— 标签类别　　---- 域内分类

图 10.1　最大域差异方法对比图

最大域差异方法的优点如下：

① 无监督领域自适应方法在迁移过程中不需要标记目标域数据。因此，在诊断轴承故障时，无须专家在新工况下标记轴承故障数据，更能满足现实场景下轴承故障诊断的需要，从而降低人工成本，提高诊断效率。

② 采用反向标注的方法，在反向传播时可以有较大的梯度，可以快速对齐新旧条件的故障特征，并且在样本数量较少的情况下，也可以完成轴承故障分类的任务。

为了验证该方法的效果，本章使用凯斯西储大学（CWRU）轴承数据集进行了实验。实验结果表明，该方法在跨工况迁移任务中的准确率高于其他迁移学习方法。

10.2　基于最大域差异的无监督领域自适应轴承故障诊断模型

算法模型由预训练模块、迁移模块和验证模块三部分组成。整个算法模型如图 10.2 所示。

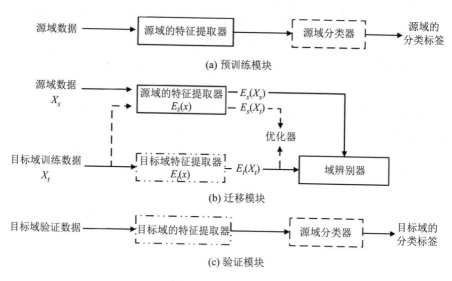

图 10.2　算法模型图

整个算法需要训练 5 个部分，分别是源域特征提取器、源域分类器、目标域特征提取器、优化器和域辨别器。优化步骤分为 4 步，具体优化步骤如下：

① 训练源域特征提取器和源域分类器。将源域数据 X_S 先输入源域特征提取器 E_S，在源域数据提取特征后将其输入源域分类器 C_S，再根据源域数据的标签 Y_S 进行轴承故障的分类工作。步骤①使用标准的损失函数来训练和优化源域特征提取器与源域分类器，损失函数如下：

$$\min_{E_S,C} L_{cls}(X_S,Y_S) = E_{(x_S,y_S)} \sim (X_S,Y_S) - \sum_{k=1}^{K} 1_{[k=yS]} \log C(E_S(X_S))$$

$$(10-1)$$

② 训练目标域特征提取器和优化器。将目标域数据输入目标域特征提取器进行特征提取，为了使目标域特征提取器输出的特征与源域相似，将

提取的特征输入域辨别器，通过欺骗域辨别器使其将目标域提取的特征误辨别为源域提取的，以此来衡量并缩小目标域特征和源域的差异。同时，为了保证在源域和目标域数据相似的情况下也能继续完成故障诊断任务，使用优化器来衡量两个特征提取器的差异损失。将二者结合可以得到步骤②总体的损失函数如下：

$$\min_{E_t} \max_{\text{opt}} L_{E_t}(X_t) + L_{\text{opt}}(X_S, X_t) =$$

$$-E_{x_t \sim X_t}\big[\log D(E_t(x_t))\big] + E_{(x_S, x_t) \sim (X_S, X_t)} \frac{\lambda}{n} \sum_{n=1}^{n} \big| E_t(x_{Sn}) - E_t(x_{tn}) \big|$$

$$(10\text{-}2)$$

③ 训练域辨别器。当目标域特征提取器为了缩小输入特征与源域的差异而欺骗域辨别器时，域辨别器也需要不断优化来尽可能地分清特征是由源域还是由目标域提取的。特征提取器和域辨别器在不断地对抗中，不断优化特征提取器。域辨别器的损失函数如下：

$$\min_{D}(X_S, X_t, E_S, E_t) = -E_{x_S \sim X_S}\big[\log D(E_S(x_S))\big] - E_{x_t \sim X_t}\big[\log D(E_t(x_t))\big]$$

$$(10\text{-}3)$$

④ 将优化完成的目标域特征提取器和源域分类器结合，以完成故障诊断任务。步骤②和步骤③经过多次迭代优化后，目标域特征提取器提取的目标域数据的特征已与源域的特征尽可能相似。最后将这些特征输入源域分类器，以完成新工况故障诊断任务。

10.3 实验验证

10.3.1 直接迁移和自适应迁移对比

本实验为了验证自适应迁移的效果，对比了每个工况向其他工况迁移的结果。实验随机抽取若干长度为 2048 的信号数据，对其进行快速傅里叶变换后作为样本输入。模型每次训练 32 个样本，损失函数选择交叉熵损失，使用 Adam 优化参数模型。特征提取器和域辨别器中 Adam 的学习率设置为 0.00001，β_1 和 β_2 分别为 0.5 和 0.9；优化器的参数 λ 为 0.1。为了保证数据不受随机性影响，所有的数据都是取 10 次实验结果的平均值，对比实验的结果如图 10.3 所示。

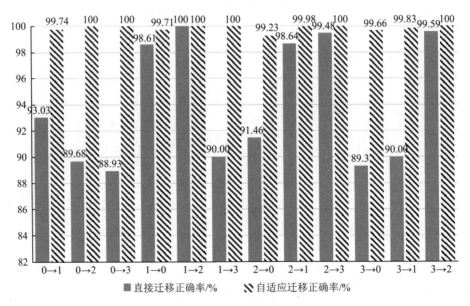

图 10.3　直接迁移和自适应迁移结果对比

由图 10.3 可知，使用最大域差异方法的总体迁移效果优于直接迁移。所有的迁移任务的平均准确率都能达到 99% 以上，其中 6 个迁移任务的平均准确率能达到 100%。说明这 6 个迁移任务在经过迁移后，能完全适应新工况的轴承故障诊断任务。在由工况 2 向工况 0 迁移时，迁移后的平均准确率只有 99.23%，而在实验时却发现，其最高准确率可以达到 100%，但由于结果波动较大，所以平均准确率较低。总体来看，最终自适应迁移的结果与直接迁移结果的好坏并没有关系。同时，由低马力工况向高马力工况迁移时的结果要好于由高马力工况向低马力工况迁移。

10.3.2　不同迁移方法对比

此实验在每个工况随机抽取 1000 个样本，源域和目标域的训练样本数量比为 1:1，并在目标域再次随机抽取 1000 个样本作为验证。为了减少随机性结果的影响，实验将重复训练 10 次并取其平均值。结果如表 10.1 所示。

表 10.1　不同方法在 CWRU 数据集上的故障分类结果　　　　　%

源域→目标域	TCA	Deep CORAL	DDC	DAN	DCTLN	最大域差异方法
0→1	62.50	98.11	98.24	99.38	99.99	99.74
0→2	65.54	83.35	80.25	90.04	99.99	100.00
0→3	74.49	75.58	74.17	91.48	93.38	100.00
1→0	63.63	90.04	88.96	99.88	99.99	99.71
1→2	64.37	99.25	91.17	99.99	100.00	100.00
1→3	79.88	87.81	83.70	99.47	100.00	100.00
2→0	59.05	86.18	67.90	94.11	95.05	99.23
2→1	63.39	89.31	90.64	95.26	99.99	99.98
2→3	65.57	98.07	88.28	100.00	100.00	100.00
3→0	72.92	76.49	74.60	91.21	89.26	99.66
3→1	68.93	79.61	74.77	89.95	86.17	99.83
3→2	63.97	90.66	96.70	100.00	99.98	100.00
平均	67.02	87.87	84.12	95.9	96.16	99.85

对比表中实验结果可知，使用最大域差异方法进行迁移后，所有迁移任务的平均准确率为 99.85%，高于其他经典的迁移学习算法。此外，可以通过数据分析可以发现，本算法不仅在进行较易迁移的任务时能取得 100% 的准确率，而且在完成其他方法迁移效果欠佳的任务（如迁移任务 0→3、2→0、3→0、3→1 等）时，也能取得较高的准确率。

本算法的诊断结果较为稳定，不同的迁移任务的准确率波动在 1% 以内，而其他迁移学习算法的波动在 10%～20% 之间。本算法在所有的迁移任务中的准确率都大于 99%，而其他算法在一些困难的迁移任务上准确率不到 90%。

相比其他方法，本章提出的方法在迁移任务 0→1、1→0、2→1 中的结果稍差，但在完成任务 3→0、3→1 时，该方法的准确率又高于其他方法 10% 左右，因此总体准确率较高。

10.3.3　不同样本数量对比

为了验证算法在不同样本数量下的故障诊断效果，本实验选取了不同的目标域数据量进行训练，数据量分别取 10，100，250，500，750，1000。训练时各工况在每个数据量下都训练 10 次，最终的结果取其平均值。总体的结果如图 10.4 所示。

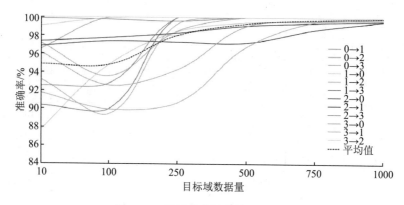

图 10.4　不同样本数量的结果对比

通过结果对比可以得出，数据量为 250 时，准确率为 100% 的任务只有 3 个；数据量为 500 时，有 7 个任务的准确率达到 100%；数据量为 500 时，所有任务的准确率都超过了 96%；数据量为 750 时，所有任务的准确率都超过了 98%。同时，我们也尝试了只用 10 个数据进行训练的情况，发现准确率较低的原因是迭代中结果的波动较大，而迭代中有几次的结果和数据量为 1000 的结果相同。由平均值曲线可以看出，当数据量变多时，迭代时训练结果的波动越来越小，诊断的准确率也随之变高。本算法只需要相对于源域数据量一半的目标域数据，平均诊断准确率就可以超过 99%。

10.3.4　结果可视化分析

为了验证本算法提取和迁移特征的能力，本小节使用混淆矩阵图和 t-SNE 算法来分析不同工况下迁移任务的结果。将凯斯西储数据集中工况 0、工况 1、工况 2、工况 3 分别作为源域向其他工况迁移时，迁移前后的故障分类结果的混淆矩阵图分别如图 10.5 至图 10.8 所示。

如图 10.5 所示，由工况 0 向其他工况迁移时，迁移前的模型对故障 2 进行分类时的效果较差，模型会把故障 2 误分类成故障 0 或故障 4。在任务 0→2 中，主要是将故障 8 误认为故障 5。在迁移后，除了任务 0→1，其他任务准确率都达到了 100%。

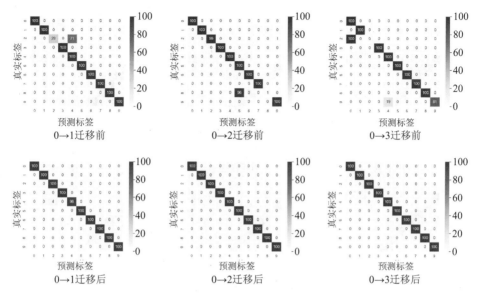

图 10.5 工况 0 向其他工况迁移的混淆矩阵图

如图 10.6 所示，在任务 1→2 中，迁移前的模型也能完成新工况的任务，说明在工况 1 中建立的模型可以直接迁移到工况 2。在任务 1→0 和 1→3 中，主要将故障 4 和故障 8 进行迁移，使其能在新工况下完成对故障的诊断。

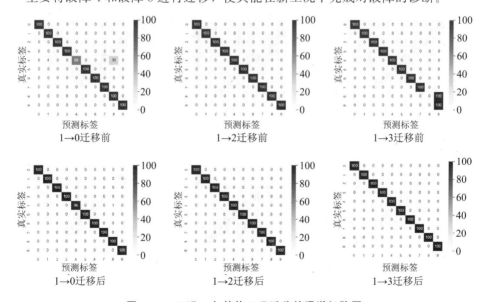

图 10.6 工况 1 向其他工况迁移的混淆矩阵图

如图 10.7 所示，在任务 2→0 和任务 2→3 中主要对故障 8 进行迁移，迁移后，迁移到工况 3 中的模型效果较好，而迁移到工况 0 中的模型虽然能较正确地分类故障 8，但对于故障 4 的分类提升有限。

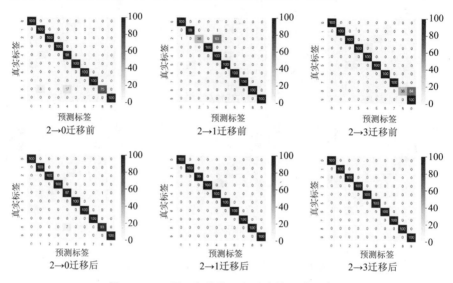

图 10.7　工况 2 向其他工况迁移的混淆矩阵图

如图 10.8 所示，在任务 3→1 和任务 3→2 中，迁移前模型会将故障 3 误分类为故障 2。而在任务 3→0 中，模型也不能对故障 8 进行正确分类。

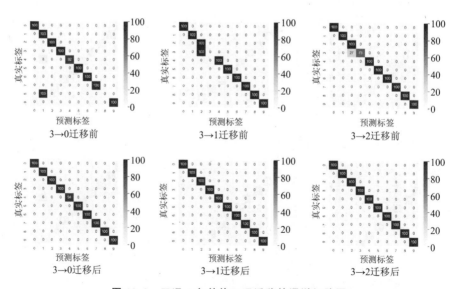

图 10.8　工况 3 向其他工况迁移的混淆矩阵图

分析上述结论可知，迁移主要发生在故障 4 和故障 8 中，说明这两个故障的特征目标域其他故障的特征较为相似，需要通过迁移对齐正确分类。在迁移后，除了某个故障存在几个无法正确分类的数据外，其他数据都能正确进行故障分类。

使用 t-SNE 算法对特征进行降维可以更直观地观察算法对轴承故障特征的迁移过程。不同工况下迁移任务的 t-SNE 可视化如图 10.9 至图 10.12 所示。

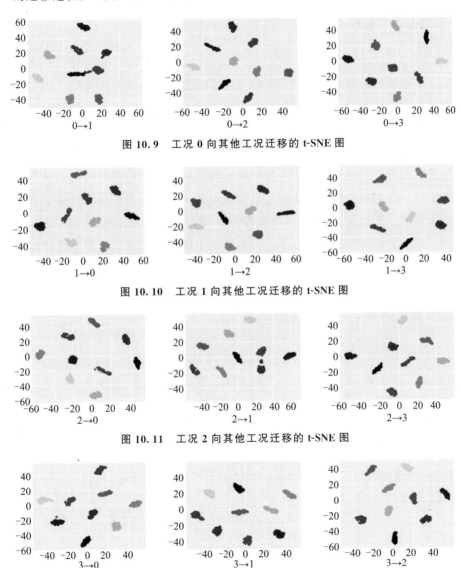

图 10.9　工况 0 向其他工况迁移的 t-SNE 图

图 10.10　工况 1 向其他工况迁移的 t-SNE 图

图 10.11　工况 2 向其他工况迁移的 t-SNE 图

图 10.12　工况 3 向其他工况迁移的 t-SNE 图

由图可以发现，迁移后，在将工况 0 作为目标域的迁移任务中，有极少的点与其他簇重叠。这说明源域某些故障的特征与工况 0 其他故障特征相似，算法会将其误分类为其他故障的特征。此外，由低马力工况向高马力工况迁移时，故障分类的结果往往比由高马力工况向低马力工况迁移更集中，类间距离更远，这说明高马力特征比低马力特征的迁移效果更好。

10.4　本章小结

本章提出的基于最大域差异的无监督域自适应轴承故障诊断方法采用对抗性方法对新旧工况的数据特征进行对齐，使得新工况的数据可以通过学习原工况的数据来补全没有标签的条件。由于本方法不需要人为干预，因此降低了轴承故障诊断的成本。同时在算法设计时考虑了实际情况下故障诊断的需要，针对轴承故障数据中某些故障特征相似度较高的问题，提出了一种最大域差异法，能够尽可能多地找到正向迁移信息，提高了算法的实用性。该算法在 CWRU 数据集上实现了 99.85% 的迁移任务平均准确率，超越了传统的迁移学习方法，并且在小样本数据的情况下也有较好的诊断效果。

🔗 参考文献

[1] PAN S J，YANG Q. A survey on transfer learning [J]. IEEE Transactions Knowlodge and Data Engineering，2010，22 (10)：1345 - 1359.

[2] PURUSHOTHAM S，CARVALHO W，NILANON T，et al. Variational recurrent adversarial deep domain adaptation [C] Toulon，France：The 5th International Conference on Learning Representations (ICLR 2017)，2017.

11 总结与展望

11.1 总结

    滚动轴承作为机械设备最为关键的组件之一，由于长期处于服役或复杂的工作环境中，因此容易产生不同程度和不同种类的损伤。本书旨在解决现有滚动轴承故障诊断技术存在的问题，基于深度学习技术提出针对特征融合、多工况、小样本等场景的滚动轴承故障诊断方法。本书研究了基于传统一维和二维卷积神经网络的故障诊断方法，将深度学习模型与浅层学习模型相结合，提出了采用双通道 CNN 进行特征提取、麻雀搜索算法优化的支持向量机作为分类器来对滚动轴承进行故障诊断与分析，并在该方法的基础上进行了优化和改进。从输入信号的形式着手，在信号被输入网络前通过引入信号分析技术对信号进行处理和转换，从而获得数据信号中更深层次的特征。本书完成的主要工作如下：

    ① 提出了一种基于卷积神经网络和级联森林的卷积级联森林（CDF）模型。由于传统的信号提取方法需要大量的专家经验，且 CNN 主要处理二维图像，故采用归一化数据增强转二维灰度图的预处理方法，消除专家经验对系统的影响并便于 CNN 处理。通过实验验证，CDF 能够在各种负载下取得较高的准确率。对于 CDF 而言，基于二维灰度图的数据预处理方法比基于原始一维振动信号的方法取得了更好的结果。CDF 具有良好的抗噪性，能够在高噪声环境中取得较高的准确率。

    ② 针对深度学习模型结构复杂、无法有效提取故障特征以及诊断准确率低等问题，提出了基于双通道 CNN 和 SSA-SVM 滚动轴承故障诊断方法。该方法采用两个并行的 CNN 结构、SSA 优化的 SVM 分类器以及特征

融合策略，在一维和二维两个维度从原始振动数据中提取特征，利用 SSA 的全局搜索能力对 SVM 进行优化，替代 Softmax 分类器。实验结果表明，该方法在故障识别准确率方面优于传统的 CNN 网络结构。

③ 针对现实环境下机械设备发生故障的概率较低，大部分传感器检测到的数据主要是健康数据，大量的故障振动信号难以获取的问题，提出了一种基于生成对抗网络 CGAN 和改进的深度森林（IDF）的故障诊断算法。在实际工况中，轴承振动信号样本具有极强的不均衡性，为了提高不均衡性下的轴承故障诊断精度，使用 CGAN 进行样本扩容。将生成的样本和真实的样本输入 IDF 中训练。使用测试集对模型进行验证，当总样本容量为 300 时，基于二维灰度图的模型准确率达到了 92.9%，基于一维振动信号的准确率为 91.1%，提升了 1.8%，证实了该算法的可行性。

④ 针对传统 CNN 网络结构输入特征单一，难以全面细致地获取故障信息的问题，在第 3 章提出的模型的基础上做了改进。将 FFT 频谱图输入 1D-CNN 中进行训练，有着更快的处理速度，且不需要人为设定相关参数。同时将小波时频图输入 2D-CNN 中进行训练，能够更加全面地提取特征信息。在模型诊断流程中，采用 t-SNE 降维技术将模型分类效果展现出来，并从不同方法模型的损失函数与识别准确率两个方面进行了对比和分析，最终得出该算法模型对滚动轴承故障有着良好的分类性能。

11.2　展望

本书针对目前滚动轴承故障诊断方法的一些问题，以深度卷积神经网络为基础进行了研究，提出了卷积级联森林滚动轴承故障诊断方法、双通道 CNN 和 SSA-SVM 结合、基于 CGAN-IDF 的小样本故障诊断方法、时频双通道 CNN 的滚动轴承故障诊断方法、AMCNN-BiGRU 故障诊断方法、基于重叠下采样和 MCNN 的故障诊断方法、无监督领域自适应算法、基于最大域差异的无监督领域自适应算法。虽然本书所提的方法对于单一通道的传统卷积神经网络而言有着更简单的处理流程和更高的识别精度，但也存在着一定的局限性，包括对专家先验知识、海量数据的依赖，以及在诊断前需要对样本进行贴标签处理，使得模型的训练周期大大延长。同时本书所提的诊断模型已经被证明适用于对振动信号的故障诊断，具有较高的分类精度。但该模型在对其他信号进行分类时没有表现出相同的性能，且运行时间较长。此外，CNN 和 CGAN 中的参数过于依赖经验，如何引入遗传算法自动构建模型参数自动更新的模型，未来值得关注。本书所采取的故障轴承数据集来自 CWRU、JNU 和 PU，是在实验室环境中获得的，如何应用到实际的工况中，需要自行搭建轴承运行平台，并通过多维度传感器采集轴承运行数据，通过多维度传感器采集轴承数据并开展实际诊断，这将是下一步的研究方向。另外，滚动轴承故障分析平台无法实现实时数据检测和故障诊断，界面需要优化。因此，探索如何通过改进网络模型结构来提高模型的泛化能力和缩短模型的训练时间是后续工作中较为关键的一环。